国家中等职业教育改革发展示范学校建设项目成果系列教材
国家级高技能人才培训基地建设项目成果

计算机网络技术
（服务器配置）

詹光腾　黄学明　主编

邓家宏　阵振晖　许玲丽　余远光　副主编

科 学 出 版 社
北 京

内 容 简 介

本书深入讲解了 Windows Server 2008 服务器各个应用的配置，包括 DHCP 服务器配置、DNS 服务器配置、Web 服务器配置、FTP 服务器配置、路由远程访问服务配置、证书服务器配置、邮件服务器配置、活动目录与域控制器配置等技术。本书内容由浅入深，论点有据，从单机应用服务到网络管理服务，把每一步操作过程都详细地写出来并且配上图片，经过有序的组织，有利于学生学习，可阅读性更强。

本书案例丰富，实用性强，并且以"尊重实验事实，符合实验理论"为编著原则。本书可作为中高职院校计算机网络技术专业的教材，也可供从事计算机网络工程设计、管理和维护的工程技术人员使用，还可作为职业培训教材，亦可供专业人员参考。

图书在版编目（CIP）数据

计算机网络技术（服务器配置）/詹光腾，黄学明主编. —北京：科学出版社，2015

（国家中等职业教育改革发展示范学校建设项目成果系列教材·国家级高技能人才培训基地建设项目成果）

ISBN 978-7-03-043998-7

Ⅰ. ①计…　Ⅱ. ①詹…②黄…　Ⅲ. ①计算机网络-中等专业学校-教材②网络服务器-中等专业学校-教材　Ⅳ. ①TP393②TP368.5

中国版本图书馆 CIP 数据核字（2015）第 062610 号

责任编辑：吕建忠　王君博　赵　任/责任校对：柏连海
责任印制：吕春珉/封面设计：一克米工作室

科 学 出 版 社 出版
北京东黄城根北街 16 号
邮政编码：100717
http://www.sciencep.com

三河市铭浩彩色印装有限公司印刷
科学出版社发行　各地新华书店经销
*

2015 年 3 月第 一 版　　开本：787×1092　1/16
2016 年 9 月第二次印刷　　印张：15 1/2
字数：335 000
定价：36.00 元
（如有印装质量问题，我社负责调换〈铭浩〉）

销售部电话 010-62140850　编辑部电话 010-62138978-2008

版权所有，侵权必究
举报电话：010-64030229；010-64034315；13501151303

国家中等职业教育改革发展示范学校建设项目成果系列教材
国家级高技能人才培训基地建设项目成果

编　委　会

顾　问　张余庆

主　任　谭建辉

副主任　黄　琳　　吴新欢

编　委　谢浪清　温汉权　何培森

　　　　张锐忠　陈振晖　丘建雄

前　言

计算机网络早已深入到人们的工作、学习、生活等方方面面，各企事业单位都在利用网络进行办公或业务往来，计算机网络技术管理方面的人才缺口也比较大。由于 Windows 操作系统易学易用，在服务器操作系统市场上占有率高达 60% 以上。因此，许多院校将 Windows 服务器配置列为计算机网络专业的核心技能课程。近年来与计算机网络技术相关的教材出版了不少，但基于 Windows Server 2008 平台的服务器配置方面的教材却很少有适合于中职学生使用的。

作者多年从事网络教学、校园网的管理和网络工程实践工作，在参考大量的网络服务器配置相关资料的基础上，充分考虑到中职教育特点，经广泛征求意见后，精心选择教学内容，设计实践案例和实践方案。教材内容力求突出实用性、先进性和可操作性。

本书在内容安排上本着"以实践为主，理论服务实践"的原则，确保学生学以致用，内容由浅入深，从各种服务与应用的基本概念、安装配置、基本管理与维护到实际应用案例的配置层层深入，每种服务器的应用均配有实训案例。

全书共 8 个项目，主要围绕企业对各种服务的实际应用，系统地介绍各种主流的网络服务器的安装与配置，由基础的应用服务 DHCP 服务器、DNS 服务器、WEB 服务器、FTP 服务器到网络服务器应用路由远程访问服务、证书服务器、邮件服务器，最后再过渡到企业管理应用活动目录与域控制器，基本上包含了企业所有的服务需求。对于网络管理员来说，这方面的相关知识是必备的。通过本书读者可以很清晰地了解各种常用服务器的作用和配置技术。

本书由詹光腾、黄学明、邓家宏、陈振晖、许玲丽、余远光、周振海、陈珍臻、刘志明、张洋等人编写，重庆金佩科技有限公司为本书提供了实际工作案例，其中，张洋是该课程建设的企业导师，他全程参与了教材编写与评审。编者在此一并表示感谢。由于编者水平有限，书中疏漏之处在所难免，恳请读者批评指正。

编　者

2015 年 1 月

目　　录

项目一

DHCP 服务器

1.1 项目情景引入

1.1 项目情景引入

天隆科技公司网络管理员在网络管理过程中，经常遇到 IP 地址冲突的问题，这是由于员工随意更改 IP 地址造成的。员工改了 IP 地址后导致管理员在排除网络故障的时候比较困难，为了解决这一问题，天隆科技的网络管理员就需要在一台服务器（Windows Server 2008）上安装 DHCP 服务器，让服务器自动分发可用的 IP 地址。

知识目标

- 理解 DHCP 的工作原理
- 理解 DHCP 中继代理的工作原理
- 理解 DHCP 服务器地址冲突检测方式

能力目标

- 能够配置 DHCP 服务器
- 能够配置 DHCP 服务器的中继代理

1.2 DHCP 服务器的基本配置

知识准备

DHCP（Dynamic Host Configuration Protocol）即动态主机分配协议，是网络应用服务中的基础应用服务，负责为子网中的客户端统一分发 IP 地址及相关的 TCP/IP 属性。本小节讲述 DHCP 工作原理及 DHCP 的实现，并对 DHCP 工作所产生的数据帧进行深入地分析。DHCP 的前身是 BOOTP（在 RFC951 与 RFC1084 做出了定义）。BOOTP 与 DHCP 的不同之处在于：BOOTP 只能动态地分配 IP，而 DHCP 可以分配除 IP 以外的其他 TCP 属性。

DHCP 的工作原理分为以下 4 个步骤，如图 1.1 所示。

DHCP 服务器　DHCP Discover Broadcast 提供 DHCP 客户端

DHCP 客户端的 MAC 地址与主机

DHCP Offer Broadcast 包括了它能为客户端提

供的 IP 地址和它自己 IP 地址

DHCP Request Broadcast 正式申请 DHCP

Offer 中提供的 IP 地址

DHCP ACK Broadcast 使 DHCP 正式将 IP

分配给客户端

图 1.1　DHCP 的工作原理分为 4 个步骤

1）DHCP 的客户端启动后，向本地网络上发起 DHCP 的 Discover 广播寻找网络中的 DHCP 服务器。在这个由 DHCP 客户端发起的 Discover 广播中，包含了 DHCP 客户端的 MAC 地址与主机名，因为这决定了 DHCP 服务器发放 IP 时将 IP 地址发放给哪台主机。

2）DHCP 服务器收到 DHCP 客户端的 Discover 广播后，会发送一个 DHCP 的 Offer 广播给 DHCP 客户端，告诉 DHCP 客户端自己是 DHCP 服务器，并告诉 DHCP 客户端自己能为客户端提供 IP 及 IP 地址是什么。注意，此时 DHCP 服务器只是告诉客户端它能为 DHCP 客户端提供 IP 地址，但是此时的 DHCP 客户端并没有真正地得到这个 IP 地址。

3）当 DHCP 客户端收到 DHCP 服务器的 Offer 广播后，会向 DHCP 服务器发起 DHCP 的 Request 消息，正式向 DHCP 服务器申请 IP 地址。

4）DHCP 服务器收到 DHCP 客户端的 Request 消息后，会正式将 IP 地址发送给 DHCP 的客户端，并发送一个 DHCP 的 ACK 确认消息。同时，该 IP 地址的租期正式开始生效。

实施目标： 在 Windows Server 2008 服务器配置 DHCP 服务器，让 DHCP 客户端能够成功地动态分配到 IP 地址。

实施环境： 如图 1.2 所示。

实施步骤：

【第一步】：在"开始"菜单中选择"管理工具"命令，弹出"服务器管理器"对话框，如图 1.3 所示。

【第二步】：单击"添加角色"按钮出现"添加角色向导"对话框，显示"开始之前"页面，如图 1.4 所示，单击"下一步"按钮。

DHCP 服务器

DHCP 客户端

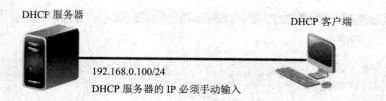

192.168.0.100/24
DHCP 服务器的 IP 必须手动输入

图 1.2　DHCP 服务器的环境

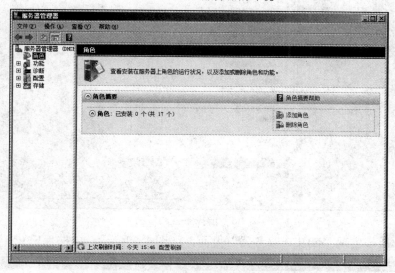

图 1.3　在"服务器管理器"中添加角色

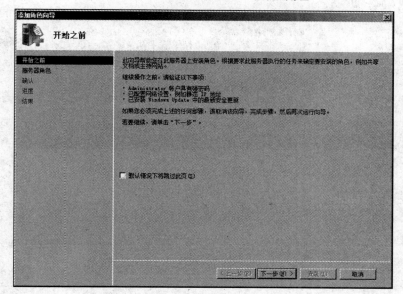

图 1.4　添加角色向导

第三步：在"选择服务器角色"页面中选择安装"DHCP 服务器"，如图 1.5 所示，单击"下一步"按钮。

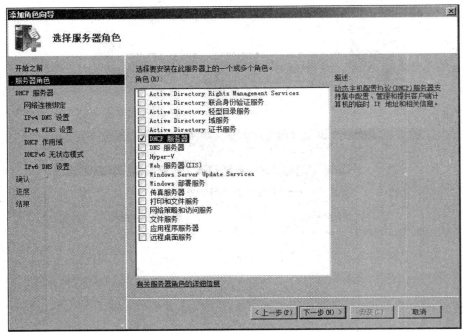

图 1.5　选择服务器角色

第四步：出现"DHCP 服务器"页面，如图 1.6 所示，单击"下一步"按钮。

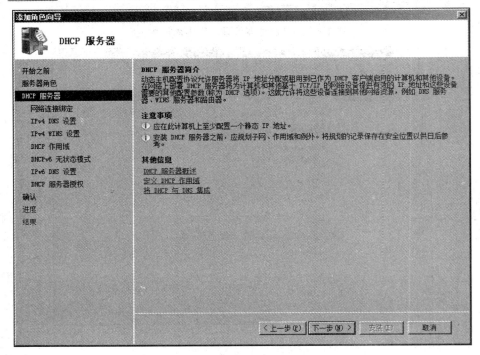

图 1.6　DHCP 服务器向导

第五步：在"选择网络连接绑定"页面中选择此 DHCP 服务器用于向客户端提供服务的网络连接，如图 1.7 所示，单击"下一步"按钮。

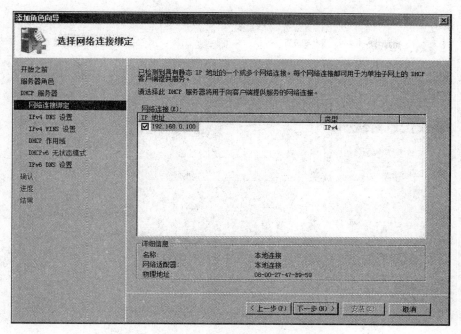

图 1.7　选择网络连接绑定

第六步：在"指定 IPv4 DNS 服务器设置"页面，因为整个环境只是一个基本的 DHCP 服务器配置，没有 DNS 服务器，所以为空，如图 1.8 所示，单击"下一步"按钮。

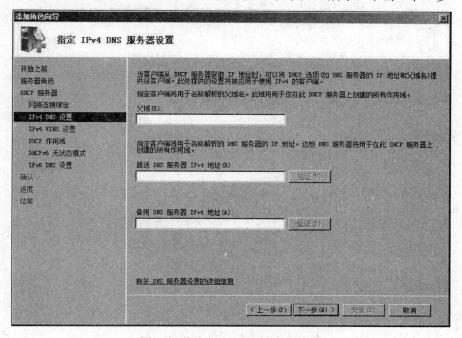

图 1.8　指定 IPv4 DNS 服务器设置

第七步：在"指定 IPv4 WINS 服务器设置"页面中，选择"此网络上的应用程序不需要 WINS"单选按钮，如图 1.9 所示，单击"下一步"按钮。

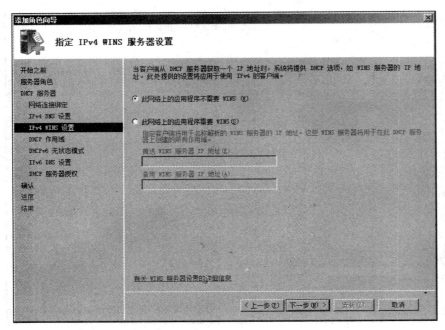

图 1.9　指定 IPv4 WINS 服务器设置

第八步：在"添加或编辑 DHCP 作用域"页面中单击"添加"按钮，指定分配的 IP 范围和相关属性，如图 1.10 所示。

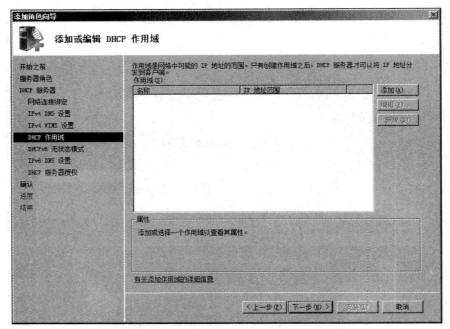

图 1.10　添加或编辑 DHCP 作用域

第九步：在"添加作用域"对话框中设置作用域的名称、起始和结束的 IP 地址、子网掩码、默认网关和子网类型，并选中"激活此作用域"复选框，如图 1.11 所示，单

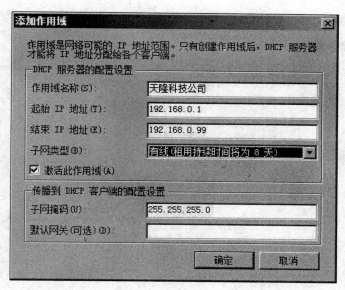

图 1.11　添加作用域

击"确定"按钮。

第十步：添加完作用域后，该作用域会在"添加或编辑 DHCP 作用域"页面中显示，如图 1.12 所示，单击"下一步"按钮。

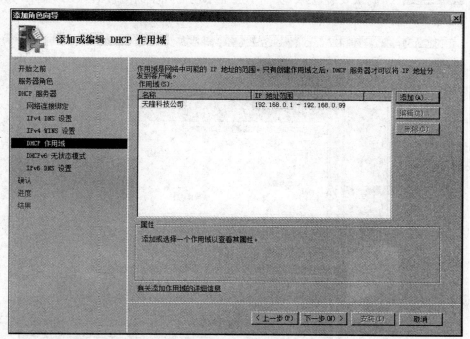

图 1.12　添加或编辑 DHCP 作用域

第十一步：在"配置 DHCPv6 无状态模式"页面中选择"对此服务器禁用 DHCPv6 无状态模式"单选按钮，如图 1.13 所示，单击"下一步"按钮。

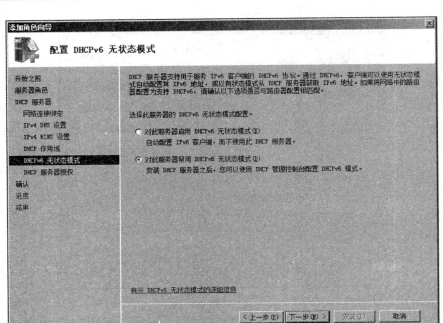

图 1.13　配置 DHCPv6 无状态模式

第十二步："确认安装选择"页面中会显示前面几步的配置信息，如图 1.14 所示。
单击"安装"按钮。

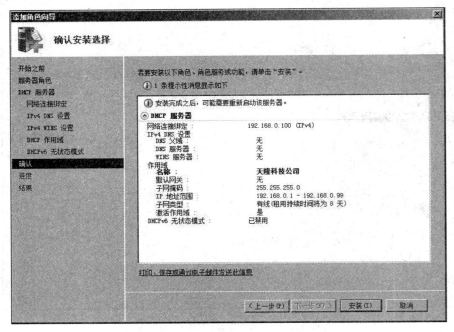

图 1.14　确认安装选择

第十三步：安装完成后会在"安装结果"页面显示安装成功与否及相关的信息，
单击"关闭"按钮，完成整个安装配置过程，如图 1.15 所示。

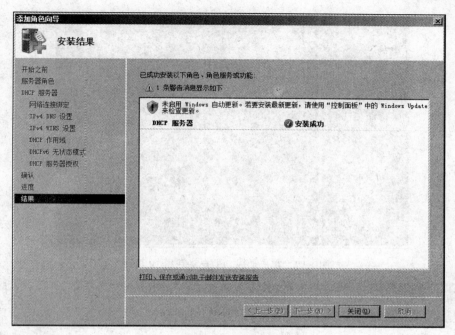

图 1.15 安装结果

第十四步：在客户机上网卡的 Internet 协议(TCP/IP)属性中选择"自动获得 IP 地址"单选按钮，如图 1.16 所示，当 IP 地址获取完成后，在 cmd 模式下输入 ipconfig/all 命令，就可以完整地看到获得 IP 地址的信息，如图 1.17 所示。回到 DHCP 服务器上，可以看到分配给客户端的 IP 地址，如图 1.18 所示。

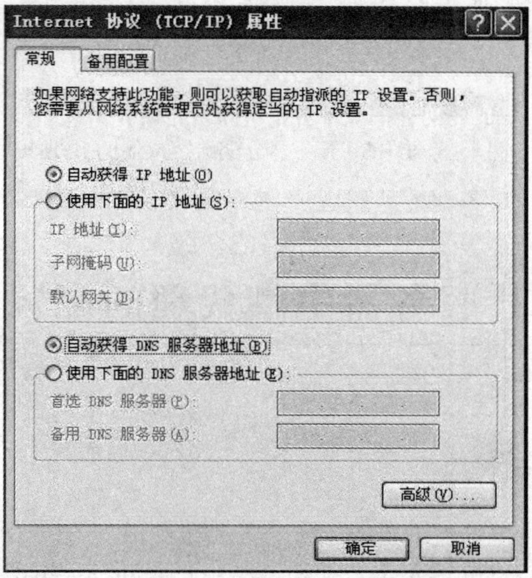

图 1.16 客户端自动获得 IP 地址的选项

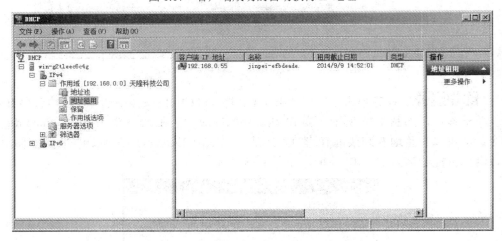

图 1.17 客户端成功的自动获得 IP 地址

图 1.18 DHCP 服务器分配给客户端的 IP 地址

1.3 DHCP 服务器中继代理的配置

知识储备

　　DHCP 是基于广播和单播工作的，至少客户端发出的 Discover 消息肯定是广播，因为它要寻找网络中的 DHCP 服务器，都知道路由是隔断三层网络广播的，那么，位于代理服务器不同接口上的 DHCP 服务器与客户端将无法进行正常工作，因为客户端的 Discover 消息被代理服务器切断。此时，在这种跨网段的 DHCP 部署环境中，提出一种概念叫做中继代理（Relay Agent），从而解决由于广播域的分隔导致 DHCP 不能正常工作的问题。DHCP 中继代理的工作原理，如图 1.19 所示。

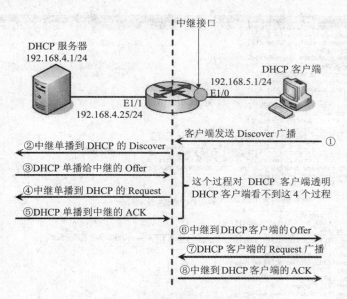

图 1.19 DHCP 中继的工作原理

第一步：DHCP 客户端发送 DHCP 的 Discover 广播寻找本地子网上的 DHCP 服务器，毫无疑问，这个寻找将失败，因为本地子网上根本没有部署 DHCP 服务器，但是，此时 DHCP 的中继代理服务器的 E0（192.168.5.1）会收到这个 Discover 广播消息。

第二步：中继代理服务器会帮助 DHCP 客户端到指定的 DHCP 服务器去申请 IP 地址，这里所谓指定的 DHCP 服务器，事实上，就是在中继代理服务器上申明了谁是 DHCP 服务器，比如申明 192.168.4.1 为 DHCP 服务器，那么 DHCP 的中继代理服务器会将 Discover 消息单播到 DHCP 服务器（192.168.4.1），注意，此时中继使用单播的方式把 Discover 消息发送到 DHCP 服务器，因为中继明确地知道它该向哪台 DHCP 服务器进行申请。

第三步：DHCP 服务器会以单播的方式回应中继的 Discover 消息，并发送 Offer 消息，该消息中包括了 DHCP 可以给中继提供的机会 IP(192.168.5.2)，关于 DHCP 服务器提供给中继的 Offer 消息如图 1.20 所示。这个 Offer 消息之所以以单播的形式发送是因为 DHCP 服务器知道中继是谁，并且在该消息中包括了中继的 IP 地址。值得指出的是，DHCP 服务器向中继提供机会 IP（192.168.5.2）之前，还是会做一个 IP 地址冲突检测，它需要知道 192.168.5.2 这个 IP 地址，在网络上是否有主机正在使用它。它的检测方式是发送一个目标地址为 192.168.5.2 的 ICMP 回显消息，如果没有回应，说明该地址没有被使用，可以被分配出去，反之则不能；DHCP 服务器还会检测与中继的连通性，确保中继能成功地得到这个 Offer 消息，关于这个过程可以通过如图 1.21 所示的数据帧证实。在这里 DHCP 服务器为什么不使用 ARP 进行 IP 地址冲突探测，原因是在通过中继申请 IP 地址的 DHCP 环境中，DHCP 提供的 IP 地址通常都不是本地子网的 IP 地址范围，ARP 不能穿越代理服务器工作。

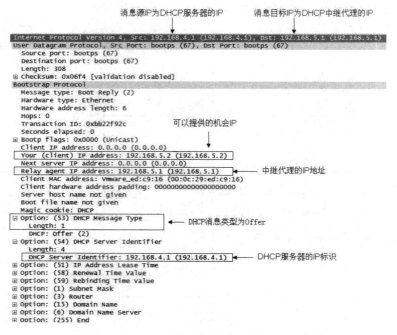

图 1.20　DHCP 服务器发送给中继的 Offer 消息

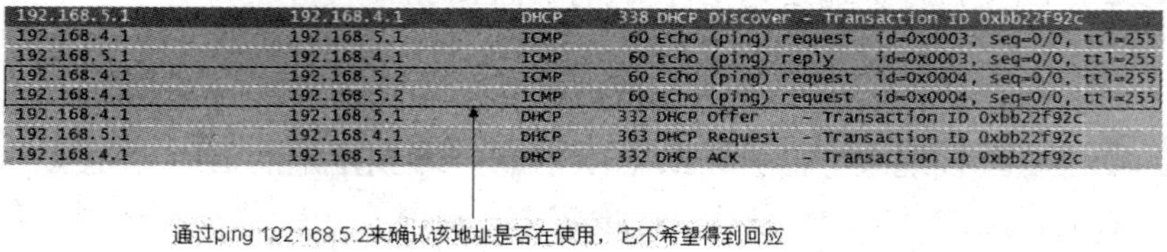

图 1.21　使用 ICMP 探测 IP 地址冲突

第四步：中继向 DHCP 服务器发起 DHCP 的 Request 请求消息，该消息仍然以单播的形式发送，这与本地子网上 DHCP 的工作原理不同，在本地子网上的这个过程应该是以广播的形式进行发送，而在中继的环境中，通信双方是很明确的，不可能存在有其他的 DHCP 服务器向中继提供 IP，还有两个原因：第一个原因是中继设备上会明确指示它该向哪台 DHCP 服务器申请 IP；第二个原因是中继发起 DHCP 的 Discover 消息时，就是单播发送的，不会有第二台 DHCP 服务器来为中继提供 IP。

第五步：DHCP 服务器收到中继的单播 Request 消息后，会回应一个 ACK 消息给中继，指示 IP 地址的租期正式生效，注意该消息仍然是以单播的形式发送。

第六步：事实上述第二步到第五步对于 DHCP 客户端而言是完全透明的，它看不见中继为它完成 IP 地址申请的过程。它只能看见中继与自己的 DHCP 消息交互的过程，当 DHCP 的中继成功地从 DHCP 服务器获得地址后，中继会给 DHCP 客户端发送一个 DHCP 的 Offer 消息，告诉 DHCP 的客户端可以提供给它的 IP 地址，注意，此时中继就无须再检测该 IP 地址在网络上是否有冲突的可能性了，因为这个过程在上述的第三步中已经做了检测。

第七步：DHCP 客户端在收到 DHCP 中继所提供的 Offer 消息后，会向 DHCP 的中继发送一个 DHCP 的 Request 消息，正式请求 IP 地址。该消息以广播的形式发送，为什么是以广播形式发送，在标准的 DHCP 环境已经有明确说明。

第八步：DHCP 中继收到客户端的 Request 消息后，会回应一个 ACK 消息给 DHCP 客户端，申明租约正式生效，然后 DHCP 客户端在得到 ACK 消息后，会将 DHCP 中继颁发给它的 IP 地址使用"免费的 ARP（请求的目标 IP 和源 IP 地址一样，它不希望得到任何回应）"做一个最终的地址冲突检测，然后正式使用该 IP 地址。

> **注意**
>
> DHCP 中继，就其本身而言，它没有任何资格颁发 IP 地址及其他 TCP/IP 属性，它只是代理 DHCP 客户端向 DHCP 服务器做申请，中继与 DHCP 服务器交互 DHCP 消息的过程对于 DHCP 客户端而言是透明的。

实施目标：在 Windows Server 2008 服务器配置 DHCP 的中继代理服务器，让 DHCP 客户端能够成功地动态分配到 IP 地址。

实施环境：如图 1.22 所示。

图 1.22　DHCP 中继代理服务器的环境

实施步骤：

第一步：在中继代理服务器上配置路由，以便实现 DHCP 客户端与 DHCP 服务器的通信，安装"路由和远程访问"服务。在"开始"菜单中选择"管理工具"命令，在弹出的"服务器管理器"对话框中单击"添加角色"按钮，如图 1.23 所示。

> **注意**
>
> 在服务器上配置路由需要安装"路由和远程访问"功能，在 Windows Server 2003 和以前的版本都是默认有安装的，而在 Windows Server 2008 上则没有，所以需要安装。

第二步：出现"添加角色向导"对话框，显示"开始之前"页面，如图 1.24 所示，单击"下一步"按钮。

第三步：在"选择服务器角色"页面中选择安装"网络策略和访问服务"，如图 1.25 所示，单击"下一步"按钮。

图 1.23 在【服务器管理器】中添加角色

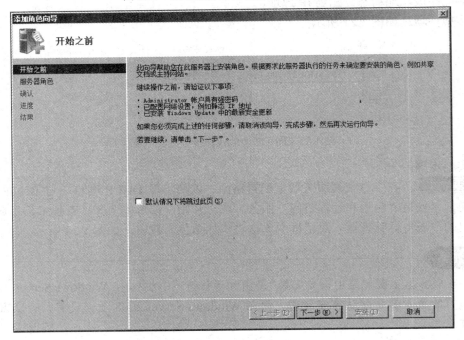

图 1.24 添加角色向导

第四步：出现"网络策略和访问服务简介"页面，如图 1.26 所示，单击"下一步"按钮。

第五步：在"选择为网络策略和访问服务安装的角色服务"页面中，选择"路由和远程访问服务"，如图 1.27 所示，单击"下一步"按钮。

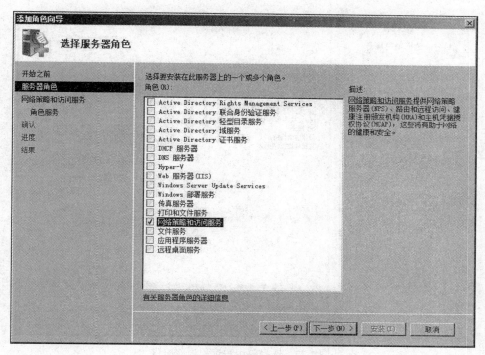

图 1.25　选择服务器角色

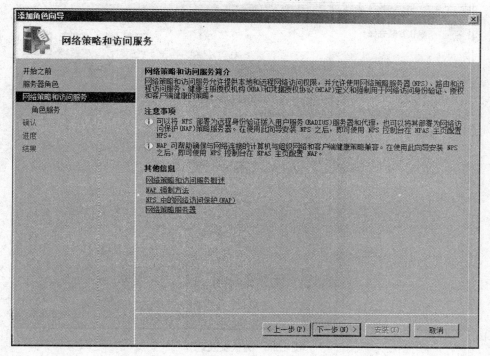

图 1.26　网络策略和访问服务简介

第六步：弹出安装界面，如图 1.28 所示，单击"安装"按钮。

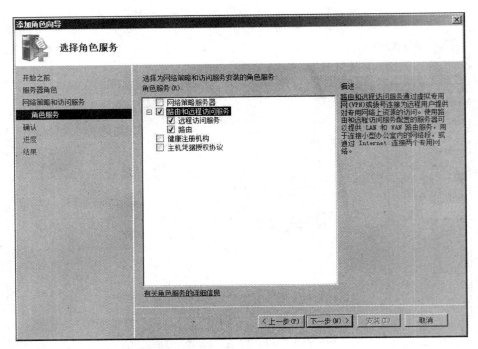

图 1.27　选择路由和远程访问服务

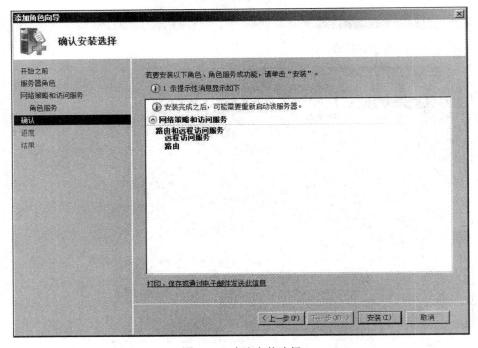

图 1.28　确认安装选择

第七步：安装完成后会在"安装结果"页面显示安装成功与否及相关的信息，单击"关闭"按钮，完成整个安装配置过程，如图 1.29 所示。

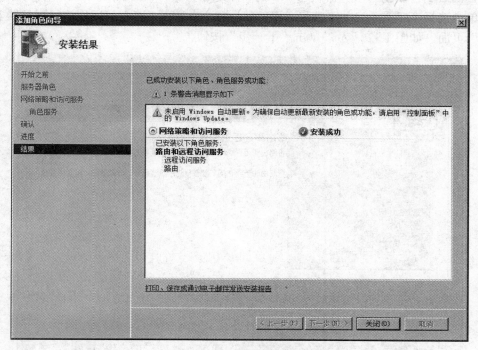

图 1.29　安装结果

第八步：在"开始"菜单中选择"管理工具"命令，显示"路由和远程访问"页面，选择"路由和远程访问"选项，如图 1.30 所示。

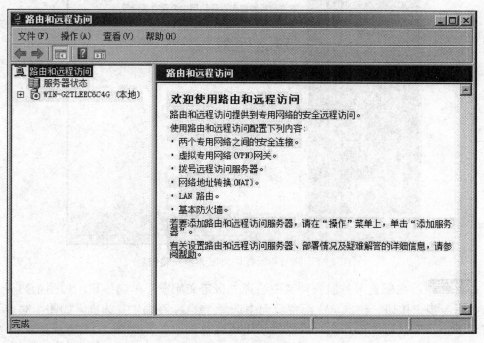

图 1.30　路由和远程访问

第九步：右击"服务器状态"下的"本地服务器"，如图 1.31 所示。在弹出的快捷菜单中选择"配置并启动路由和远程访问"命令，弹出"路由和远程访问服务器安装向导"页面，如图 1.32 所示，单击"下一步"按钮。

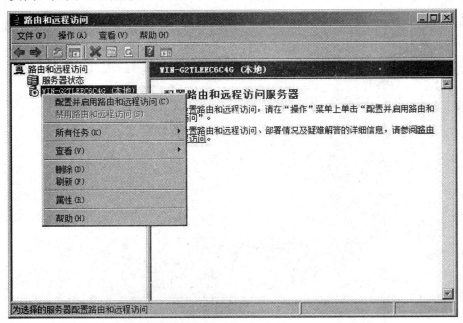

图 1.31　选择配置路由和远程访问

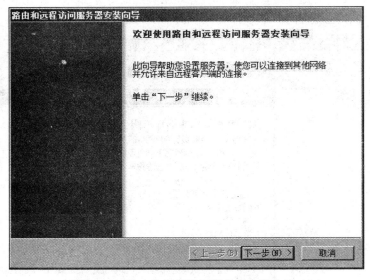

图 1.32　路由和远程访问服务器安装向导

第十步：在配置服务器的功能中选择"自定义配置"单选按钮，如图 1.33 所示，单击"下一步"按钮。在自定义配置页面中选择"LAN 路由"复选框，如图 1.34 所示，单击"下一步"按钮。选择完成后会显示出所选择的服务，如图 1.35 所示，单击"完成"按钮。系统会提示"启动服务"，如图 1.36 所示。

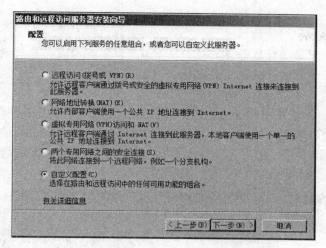

图 1.33　启动自定义配置

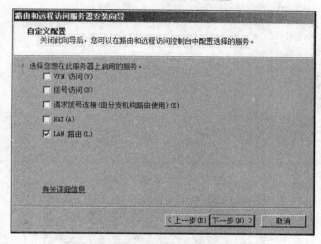

图 1.34　选择 LAN 路由

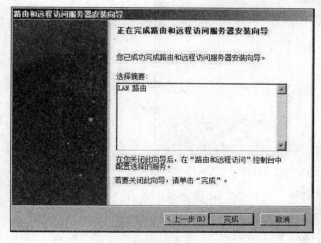

图 1.35　配置服务完成

图 1.36　启动服务

> **注意**
>
> 　　至此位置，中继代理服务器的路由已配置完成，也就是常规所说的"软路由"配置，DHCP 客户端的计算机和 DHCP 服务器能够通信。

第十一步：在"路由和远程访问"页面里右击 IPv4 下的"常规"选项，选择"新增路由协议"命令，如图 1.37 所示。在弹出的"新路由协议"对话框中选择"DHCP 中继代理程序"选项，如图 1.38 所示。此时 IPv4 下出现"DHCP 中继代理"协议，如图 1.39 所示。

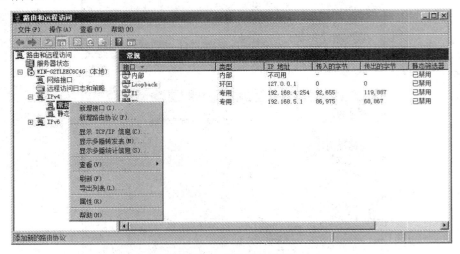

图 1.37　"常规"选项

图 1.38　添加 DHCP 中继代理程序

第十二步：右击"DHCP 中继代理"在弹出的快捷菜单中选择"新增接口"命令，如图 1.40 所示。弹出"DHCP 中继代理程序的新接口"对话框，整个 DHCP 中继代理的环境中 E0 接口在中继代理接口，那么就选择 E0，如图 1.41 所示，单击"确定"按钮。弹出 DHCP 中继代理 E0 接口的"属性"对话框，默认跃点计数阈值和启动阈值，如图 1.42 所示。

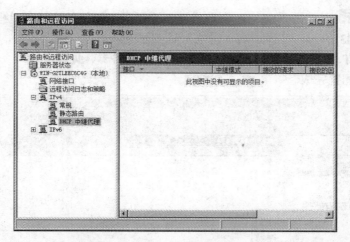

图 1.39 DHCP 中继代理添加成功

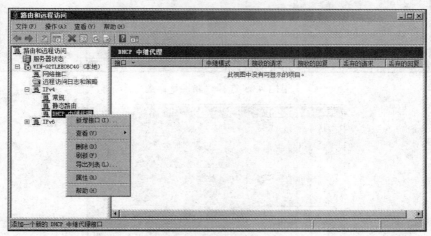

图 1.40 新增接口

图 1.41 中继代理程序的新接口

图 1.42 中继代理接口的属性

第十三步：右击"DHCP 中继代理"选项，在弹出的快捷菜单中选择"属性"命令，如图 1.43 所示。在弹出的"属性"对话框中单击"添加"按钮，此时 DHCP 中继代理把 DHCP 客户端所发的请求发向给 DHCP 服务器，如图 1.44 所示，至此为止，DHCP 的中继配置完成。

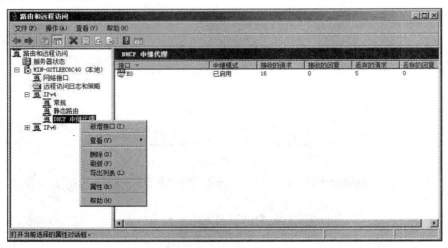

图 1.43　选择"属性"命令

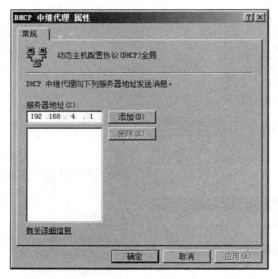

图 1.44　指向 DHCP 服务器

第十四步：配置 DHCP 服务器（DHCP 服务器的配置详见 1.2 节），只是在这个环境中需要给 DHCP 客户端分配网关。右击 DHCP 服务器的"服务器选项"，在弹出的快捷菜单中选择"配置选项"选项，如图 1.45 所示。弹出"服务器选项"对话框，选择"003 路由器"，添加 IP 地址 192.168.5.1，如图 1.46 所示，单击"确定"按钮后完成。

第十五步：在客户机上网卡的"Internet 协议(TCP/IP)属性"对话框中选择"自动获得 IP 地址"单选按钮，单击"确定"按钮，如图 1.47 所示，当 IP 地址获取完成后，在 cmd 模式下输入 ipconfig/all 命令，就可以完整地看到获得 IP 地址的信息，如图 1.48

所示。回到 DHCP 服务器上，可以看到分配给客户端的 IP 地址，如图 1.49 所示。

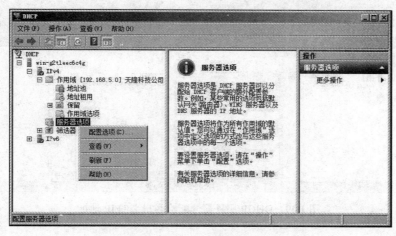

图 1.45 DHCP 的服务器配置选项

图 1.46 添加网关

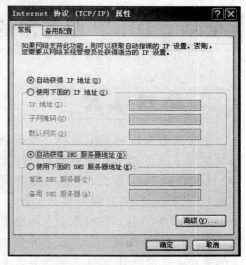

图 1.47 客户端自动获得 IP 地址的选项

图 1.48 客户端成功地动态获得 IP 地址

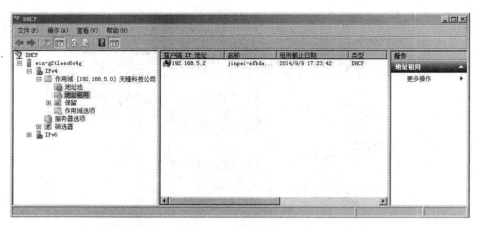

图 1.49　DHCP 服务器分配给客户端的 IP 地址

1.4 | DHCP 服务器的地址冲突管理

业内常有工程师提出这样一个问题：当在一个子网内为了提高 DHCP 的冗余，同时架设了两台 DHCP 服务器而且配置了相同的地址范围（比如都是分配 192.168.2.1-192.168.2.254/24）。那么，两台 DHCP 服务器会把同一个 IP 地址做两次分配给不同的主机吗？（比如：DHCP 服务器 A 分配一个 192.168.2.5 的 IP；DHCP 服务器 B 又分配一个 192.168.2.5 的 IP，这样就会在网络上造成 IP 地址冲突。）答案是不会造成 IP 地址冲突，因为现在的 DHCP 都采取了冲突检测特征，就是说，在 DHCP 服务器准备向网络上的某台主机提供 IP 地址之前均会做冲突检测。检测的方式大致有以下两种情况。

1. 相同子网的冲突检测

当 DHCP 客户端发送一个寻找 DHCP 服务器的 DHCP Discover 消息时，网络中的 DHCP 服务器 A 和 DHCP 服务器 B 同时都会收到，如果 DHCP 服务器 A 先回应给 DHCP 客户端，那么就会由这个 DHCP 服务器去分配 IP 地址。如何保证 DHCP 服务器 B 不会分配同样的 IP 地址到网络中呢？由于 ACK 是通过广播方式发送的，DHCP 服务器 B 同时也会收到，那么在这个时候，DHCP 服务器 B 就不会发送 ACK 消息到网络中，换句话说，DHCP 服务器 B 少一个 ACK 的消息，所以不能分配同样的 IP 地址到网络中。

2. 跨子网的冲突检测

在这种环境采用了 DHCP 的中继代理，那么这时 DHCP 中继代理服务器知道网络中有两个 DHCP 服务器，当 DHCP 客户端发送一个寻找 DHCP 服务器的 DHCP Discover

消息时，DHCP 中继代理首先找到哪个 DHCP 服务器，就由哪个 DHCP 服务器分配 IP
地址。如果中继代理找到 DHCP 服务器 B，那么就由 DHCP 服务器 B 分配 IP 地址，那
么如何保证 DHCP 服务器 A 不会分配同样的 IP 地址到网络中呢？DHCP 中继代理在发
送 DHCP Request 消息的时候会指定 DHCP Server 是谁，如果 IP 地址首先是去向 DHCP
服务器 B 申请 IP 地址，那么 DHCP 中继代理在回应给 DHCP 服务器 A 和 DHCP 服务器
B 的 DHCP Request 消息中，会带有 DHCP Server Identifier 字段指明是 DHCP 服务器 B，
这时只有 DHCP 服务器 B 才会回应 DHCP ACK 字段而 DHCP 服务器 A 不会，所以不能
分配同样的 IP 地址到网络中。

1.4.1　DHCP 相同子网的冲突检测机制

实施目标：DHCP 相同子网的冲突检测机制。
实施环境：如图 1.50 所示。

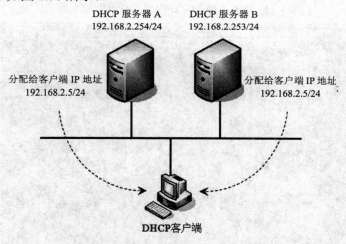

图 1.50　DHCP 相同子网的冲突检测环境

实施步骤：

第一步：配置两台 DHCP 服务器的 DHCP 服务，同时从 DHCP 地址池里面分配
出 192.168.2.5/24 的 IP 地址给 DHCP 客户端（详细配置见 1.2 节）。

第二步：在三台计算机上同时开启协议分析器捕获数据包。在 DHCP 客户端上可
以看到发送出了一个 DHCP Discover 消息后，网络中的两台 DHCP 服务器都会对其回应
DHCP Offer 信息，DHCP 服务器 A 首先对其回应，其次才是 DHCP 服务器 B，如图 1.51
所示。

```
3 5.620399  0.0.0.0           255.255.255.255    DHCP    348 DHCP Discover - Transaction
4 5.623304  192.168.2.254     255.255.255.255    DHCP    342 DHCP Offer    - Transaction
5 5.623622  0.0.0.0           255.255.255.255    DHCP    373 DHCP Request  - Transaction
6 5.627186  192.168.2.253     255.255.255.255    DHCP    342 DHCP Offer    - Transaction
```

图 1.51　DHCP 客户端上收到的 DHCP Offer 消息

第三步：最后发出 DHCP ACK 消息的是 DHCP 服务器 A 192.168.2.254，该消息发送的目的地是广播，如图 1.52 所示。那么同时 DHCP 服务器 B 也会收到，如图 1.53 所示，但是 DHCP 服务器不会发送 DHCP ACK 消息，此时，DHCP 服务器 B 知道 192.168.2.5 是由 DHCP 服务器 A 分配的，所以自己不会再分配同样的 IP 地址到网络中。最后回到 DHCP 客户端上去做验证，可以看到 IP 地址是从 DHCP 服务器 A 分配到的，如图 1.54 所示。

6	12.605812	0.0.0.0	255.255.255.255	DHCP	348	DHCP Discover - Transa
7	12.606843	192.168.2.254	255.255.255.255	DHCP	342	DHCP Offer - Transa
8	12.612461	0.0.0.0	255.255.255.255	DHCP	373	DHCP Request - Transa
9	12.612463	192.168.2.253	255.255.255.255	DHCP	342	DHCP Offer - Transa
10	12.619664	192.168.2.254	255.255.255.255	DHCP	342	DHCP ACK - Transa
11	12.622175	CadmusCo_23:0e:0b	Broadcast	ARP	60	Gratuitous ARP for 192
12	13.450068	CadmusCo_23:0e:0b	Broadcast	ARP	60	Gratuitous ARP for 192

图 1.52　HDCP 服务器 A 发送的 DHCP ACK 消息

6	12.606979	0.0.0.0	255.255.255.255	DHCP	348	DHCP Discover - Transaction ID 0xa5
7	12.607028	192.168.2.254	255.255.255.255	DHCP	342	DHCP Offer - Transaction ID 0xa5
8	12.607072	0.0.0.0	255.255.255.255	DHCP	373	DHCP Request - Transaction ID 0xa5
9	12.609771	192.168.2.253	255.255.255.255	DHCP	342	DHCP Offer - Transaction ID 0xa5
10	12.618497	192.168.2.254	255.255.255.255	DHCP	342	DHCP ACK - Transaction ID 0xa5
11	12.620016	CadmusCo_23:0e:0b	Broadcast	ARP	60	Gratuitous ARP for 192.168.2.5 (Req
12	13.447635	CadmusCo_23:0e:0b	Broadcast	ARP	60	Gratuitous ARP for 192.168.2.5 (Req
13	14.448563	CadmusCo_23:0e:0b	Broadcast	ARP	60	Gratuitous ARP for 192.168.2.5 (Req

图 1.53　DHCP 服务器 B 收到的 DHCP ACK 消息

```
C:\WINDOWS\system32\cmd.exe

C:\Documents and Settings\test>ipconfig/all

Windows IP Configuration

        Host Name . . . . . . . . . . . . : jinpei-efbdeade
        Primary Dns Suffix  . . . . . . . :
        Node Type . . . . . . . . . . . . : Unknown
        IP Routing Enabled. . . . . . . . : No
        WINS Proxy Enabled. . . . . . . . : No

Ethernet adapter 本地连接:

        Connection-specific DNS Suffix  . :
        Description . . . . . . . . . . . : AMD PCNET Family PCI Ethernet Adapte
r
        Physical Address. . . . . . . . . : 08-00-27-23-0E-0B
        Dhcp Enabled. . . . . . . . . . . : Yes
        Autoconfiguration Enabled . . . . : Yes
        IP Address. . . . . . . . . . . . : 192.168.2.5
        Subnet Mask . . . . . . . . . . . : 255.255.255.0
        Default Gateway . . . . . . . . . :
        DHCP Server . . . . . . . . . . . : 192.168.2.254
        Lease Obtained. . . . . . . . . . : 2014年9月2日 10:12:03
        Lease Expires . . . . . . . . . . : 2014年9月10日 10:12:03
```

图 1.54　DHCP 客户端从 DHCP 服务器 A 上获得 IP 地址

1.4.2　DHCP 跨子网的冲突检测机制

实施目标：DHCP 跨子网的冲突检测机制。

实施环境：如图 1.55 所示。

实施步骤：

第一步：配置两台 DHCP 服务器的 DHCP 服务和 DHCP 中继代理服务器，同时从 DHCP 地址池里面分配出 192.168.5.5/24 的 IP 地址给 DHCP 客户端（详细配置见 1.2 和 1.3）。

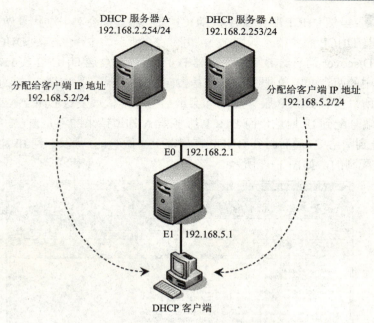

图 1.55　DHCP 跨子网的冲突检测环境

> **注意**
>
>   这里有一个捕获数据包的小技巧，在 DHCP 中继代理服务器上必须捕获 E0 接口的数据，因为 DHCP 所有的消息通过 E0 接口到服务器全部是单播信息，如果是捕获 DHCP 中继接口，那么全部就以源地址是 0.0.0.0 目标地址是 255.255.255.255 的广播数据，没有任何与 DHCP 服务器通信的数据。

第二步：在 DHCP 服务器 A、DHCP 服务器 B、DHCP 中继代理服务器(捕获 E0 接口)上同时开启协议分析器捕获数据包。在 DHCP 服务器 A 上可以看到 DHCP 的前三个过程，如图 1.56 所示，DHCP 服务器 B 完整 DHCP 四个过程，如图 1.57 所示。DHCP 中继代理首先向 DHCP 服务器 B 发送 DHCP Discover 消息，如图 1.58 所示。

```
17 136.914301 CadmusCo_20:20:30   Broadcast        ARP    60 who has 192.168.2.1?  Tell 192.168.2.253
18 144.935090 192.168.5.1          192.168.2.254    DHCP   348 DHCP Discover - Transaction ID 0x3be6de8
19 144.93549 192.168.5.1
20 144.941084 192.168.5.1          192.168.2.254    DHCP   373 DHCP Request  - Transaction ID 0x3be6de8
21 163.326999 fe80::a4df:598b:f9fff02::1:3          LLMNR  95 Standard query ANY WIN-G2TLEEC6C4G
22 163.327002 192.168.2.253        224.0.0.252      LLMNR  75 Standard query ANY WIN-G2TLEEC6C4G
```

图 1.56　DHCP 服务器 A 上 DHCP 前三个过程

```
18 144.931116 192.168.5.1          192.168.2.253    DHCP   348 DHCP Discover - Transaction ID 0x3be6de8
20 144.9368C2 192.168.5.1          192.168.2.253    DHCP   373 DHCP Request  - Transaction ID 0x3be6de8
22 163.320444 fe80::a4df:598b:f9fff02::1:3          LLMNR  95 Standard query ANY WIN-G2TLEEC6C4G
```

图 1.57　DHCP 服务器 B 完整 DHCP 四个过程

```
5 6.270717 CadmusCo_ea:09:fd    Broadcast            ARP    42 who has 192.168.2.254?  Tel
6 6.273117 CadmusCo_47:b9:59    CadmusCo_ea:09:fd    ARP    60 192.168.2.254 is at 08:00:2
7 6.273180 192.168.5.1          192.168.2.254        DHCP   348 DHCP Discover - Transaction
```

图 1.58　DHCP 中继代理发送 DHCP Discover 的先后顺序

第三步：虽然 DHCP 服务器 A 和 DHCP 服务器 B 都会对中继代理做出 DHCP Offer 消息说自己是 DHCP 服务器，如图 1.59 和图 1.60 所示。由于第一次 DHCP 中继代理是发送 DHCP Discover 消息给 DHCP 服务器 B 的，所以在发送 DHCP Request 消息的时候，会告诉网络中的两台 DHCP 服务器自己是去向 DHCP 服务器 B 请求的，如图 1.61 和图 1.62 所示。所以只有 DHCP 服务器 B 才会最后给中继代理发送 DHCP ACK 消息从而给 DHCP 客户端分配到 IP 地址，而 DHCP 服务器 A 知道请求的不是自己，所以不会再分配该 IP 地址到网络中。最后回到 DHCP 客户端上去做验证，可以看到 IP 地址是从 DHCP 服务器 B 分配到的，如图 1.63 所示。

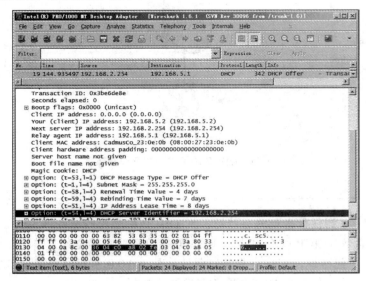

图 1.59　DHCP 服务器 A 自己的 DHCP 服务器

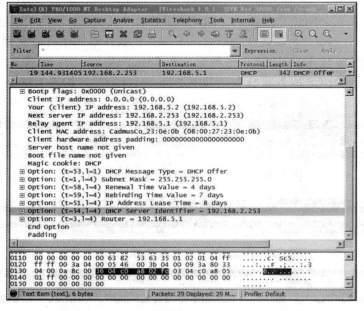

图 1.60　DHCP 服务器 B 自己的 DHCP 服务器

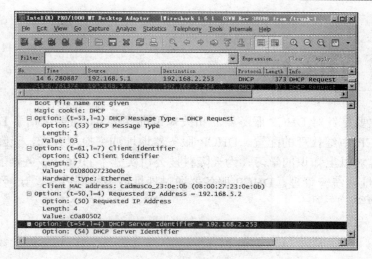

图 1.61　DHCP 中继发向 DHCP 服务器 B 的 DHCP Request 消息

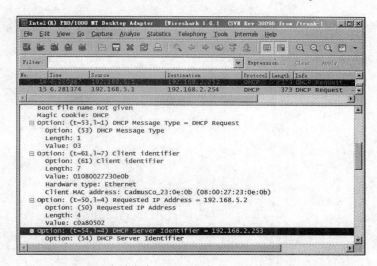

图 1.62　DHCP 中继发向 DHCP 服务器 A 的 DHCP Request 消息

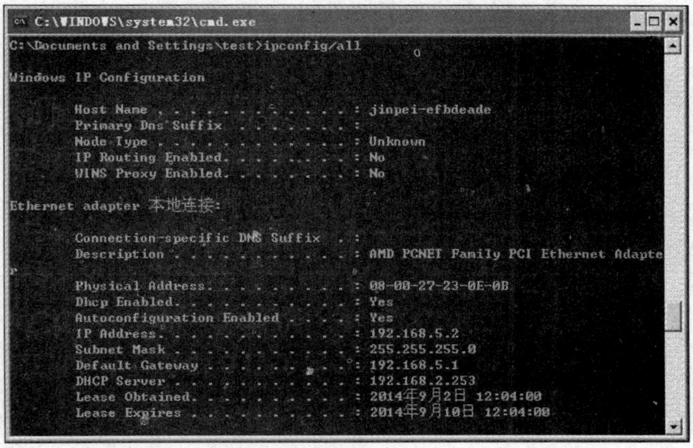

图 1.63　DHCP 客户端从 DHCP 服务器 B 上获得 IP 地址

1.5 项目总结

本项目主要是针对 DHCP 服务器的相关知识进行学习，主要包括了 DHCP 服务器的配置、DHCP 中继代理的配置、DHCP 服务器地址冲突检测方式。天隆科技公司网络管理员通过对以上知识的学习，为天隆科技公司实施了 DHCP 服务器配置，完成了对公司 IP 地址的统一管理。DHCP 服务器通过地址冲突检测方式，让网络上的 IP 地址不会发生冲突。

项目二

DNS 服务器

2.1 项目情景引入

天隆科技公司作为一家比较大型的网络公司，网站是必不可少的，这是当今网络社会各个公司对外宣传的重要手段。同时实现全公司上下的无纸化网络办公环境，也需要搭建一个办公平台动态交互型网站，管理公司内部大小事务和各种信息处理，以适应公司以后不断发展壮大的需求。

- 理解 DNS 服务器的基本功能
- 掌握 DNS 服务器的创建与配置
- 了解 DNS 域名结构

- 能够创建 DNS 服务器并完成配置
- 能够配置 DNS 服务器的转发器
- 能够配置 DNS 服务与 DHCP 服务集成完成域名更新

2.2 DNS 服务器的基本配置

DNS（Domain Name Service）为主机和网络服务提供域名解析。本小节主要讲述：什么是域名，为什么需要域名，DNS 的作用及工作原理，并通过分析 DNS 的数据帧，来深入地理解 DNS 服务。首先需要理解什么是域名，为什么需要域名，为什么需要 DNS。

人类对数字的记忆敏感程度不及对标识性字符串的记忆。比如，问一个会使用

Internet 的人"网易"的 IP 地址是多少？没有多少人知道。但如果这样问："网易的网址是什么？"他肯定一口回答上："www.163.com。"这个"www.163.com"就是 DNS 的一个完整域名 FQDN，即一个主机别名+域名后缀=FQDN，如图 2.1 所示。

图 2.1　主机别名与域名后缀

（1）理解主机别名与域名后缀

首先讨论域名后缀，再来讨论主机别名。域名后缀是由多个 DNS 树形区域组成的，DNS 是一个逻辑的树形结构区域，如图 2.2 所示。

163.com 实际上是 com 这个域名下属的一个名为 163 的子区域，而通常我们称呼一个域名后缀时，会将其整个树形逻辑结构体现出来。163.com 域名的逻辑层次是从右向左，右边代表上级区域，左边代表下级区域，这就是一个域名后缀。

（2）DNS 会存在一个树形结构，以及区域的逻辑化与层次化的原因

首先探索一下在 DNS 出现以前的名称解析服务。用网络对象的 IP 去映射名称的思想并不是现在才出现的，在先前有一种基于网络基本输入输出接口（NetBIOS）的名称解析，最先是由 IBM 公司提供该名称解析服务，它处于一个平面式结构中，无逻辑层次，如图 2.3 所示。域名后缀是由多个 DNS 树形区域组成，DNS 是一个逻辑的树形结构区域。

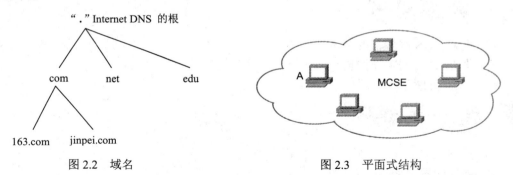

图 2.2　域名　　　　　　　　　　　图 2.3　平面式结构

在一个叫 MCSE 的平面范围内，如果有一个主机名为 A，那么在 MCSE 这个平面内就不能有另一个主机名为 A，否则会出现名称冲突。专家们将这个平面层次化，形成一种树形的逻辑关系，如图 2.4 所示。

如果在整个树形组织结构中将名称解析层次化，就可以有两个计算机的别名叫 A，而不会冲突。因为引入树形结构后，平面 1 的主机名为 A.com，平面 2 的主机名为 A.163.com，所以它们根本不会冲突。区别主机的名称叫做 FQDN，FQDN 必须是别名+DNS 后缀来进行完全识别，所以在整个树形组织结构中，虽然有两个主机别名叫"A"，但是一个后缀是 com，另一个后缀名为 163.com，代表了两个不同域名层次的主机，所以不可能冲突。而在 DNS 中的 FQDN 的别名，别名的意义标识所属 DNS 区域内的一台主机，如 www.163.com 的 www 其实就是 163.com 这个 DNS 区域的某一个主机的别名。而人们习惯性利用 www 这个别名来表示该主机是一台 http 服务器。

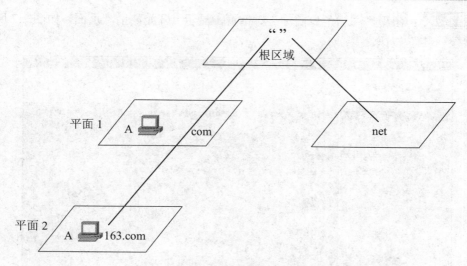

图 2.4　树形的逻辑关系

　　实施目标：在 Windows Server 2008 服务器配置 DNS 服务器，让客户端能够用过域名解析到 DNS 服务器。

　　实施环境：如图 2.5 所示。

　　实施步骤：

　　第一步：在"开始"菜单中选择"管理工具"命令，在弹出的"服务器管理器"对话框中单击"添加角色"按钮，如图 2.6 所示。

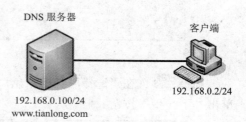

图 2.5　DNS 服务器的环境

图 2.6　在"服务器管理器"中添加角色

第二步：出现"添加角色向导"对话框，显示"开始之前"页面，如图 2.7 所示，单击"下一步"按钮。

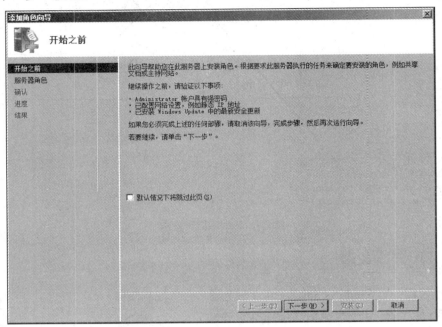

图 2.7　添加角色向导

第三步：在"选择服务器角色"页面中选择安装"DNS 服务器"，如图 2.8 所示，单击"下一步"按钮。

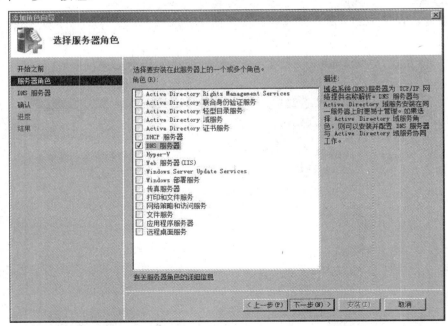

图 2.8　选择服务器角色

第四步：出现"DNS 服务器"页面，如图 2.9 所示，单击"下一步"按钮。

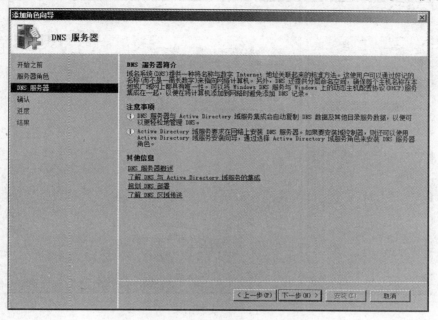

图 2.9 DNS 服务器简介

第五步：出现"确认安装选择"页面，显示安装信息，如图 2.10 所示，单击"安装"按钮。

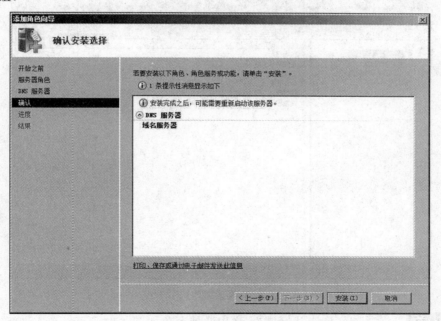

图 2.10 确认安装组件信息

第六步：安装完成后会在"安装结果"页面显示安装成功与否及相关的信息，单击"关闭"按钮，完成整个安装配置过程，如图 2.11 所示。

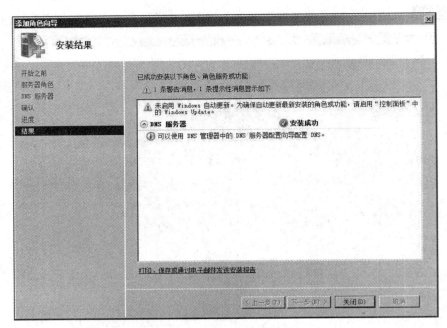

图 2.11　安装结果

第七步：在"开始"菜单中选择"管理工具"命令，选择"DNS"选项，如图 2.12 所示。

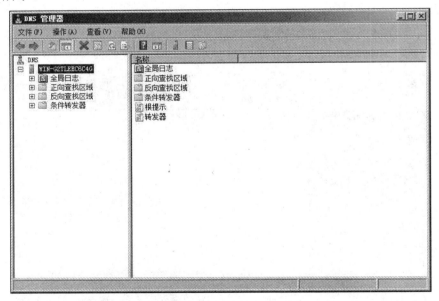

图 2.12　DNS 服务器打开界面

第八步：右击"正向查找区域"，弹出快捷菜单如图 2.13 所示，单击"新建区域"弹出"新建区域向导"对话框，如图 2.14 所示，单击"下一步"按钮。

第九步：在弹出的"区域类型"对话框中选择"主要区域"单选按钮，如图 2.15 所示，并单击"下一步"按钮。

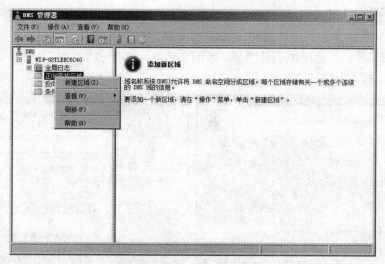

图 2.13 新建正向查找区域

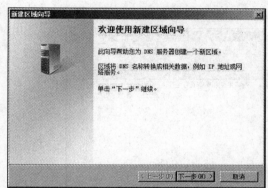

图 2.14 新建区域向导

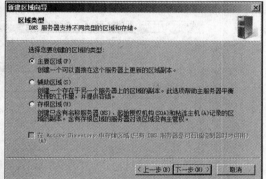

图 2.15 选择主要区域

第十步：在"区域名称"文本框里输入 tianlong.com 的域名，单击"下一步"按钮，如图 2.16 所示。

第十一步：出现区域文件页面，其中 DNS 文件名按默认名称，直接单击"下一步"按钮，如图 2.17 所示。

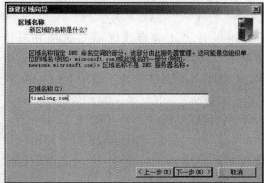

图 2.16 输入公司域名 tianlong.com

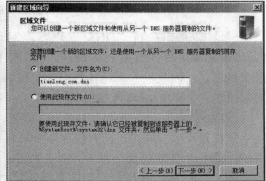

图 2.17 创建新文件

第十二步：出现动态更新页面，按默认设置，选择"不允许动态更新"以免带来安全隐患，单击"下一步"按钮，如图 2.18 所示。

第十三步：新建区域创建完成，如图 2.19 所示。单击"完成"按钮，就弹出"DNS 管理器"对话框，如图 2.20 所示。

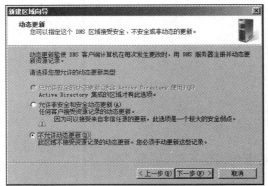

图 2.18　不允许动态更新

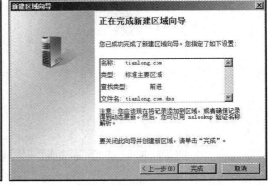

图 2.19　新建区域完成

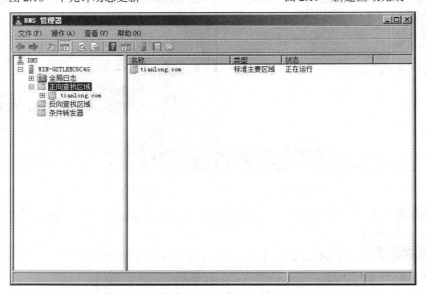

图 2.20　DNS 管理器

第十四步：在"DNS 管理器"对话框中展开"正向查找区域"选项并右击 tianlong.com 区域，如图 2.21 所示，弹出快捷菜单，选择"新建主机"命令，由于这个是主机名，所以要输入本地计算机的主机名和 IP 地址，在 cmd 模式下使用 hostname 查看主机名，如图 2.22 和图 2.23 所示。

第十五步：单击"添加主机"按钮，弹出创建成功的对话框，如图 2.24 所示。接下来新建别名，展开正向查找区域并右击 tianlong.com 区域，如图 2.25 所示弹出快捷菜单。单击"新建别名"命令，别名为了方便记忆，使用 www，FQDN 是之前所建立的主机名，如图 2.26 所示。单击"确定"按钮回到 DNS 管理器，在窗口右边可以看到已经创建好的所有记录，如图 2.27 所示。

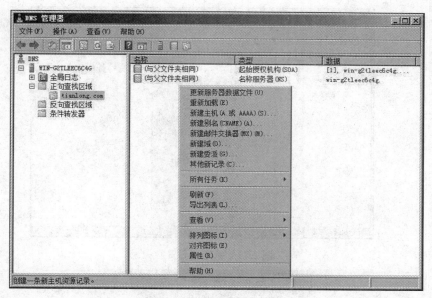

图 2.21　新建主机资源记录

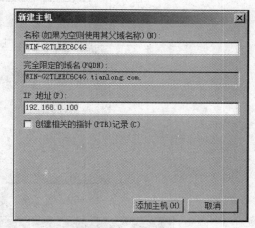

图 2.22　查看主机名　　　　　　　　　　　图 2.23　新建主机

图 2.24　主机记录成功创建

第十六步：在客户端的网卡中的本地连接的 TCP/IP 属性页面里设置 IP 地址和 DNS 地址，首选 DNS 地址一定要输入 DNS 服务器 IP 地址 192.168.0.100，不然无法正确解析域名，如图 2.28 所示。在 cmd 模式下进行测试输入 nslookup 命令并按回车键，再输入 www.tianlong.com 并按回车键，最终解析成功，如图 2.29 所示。

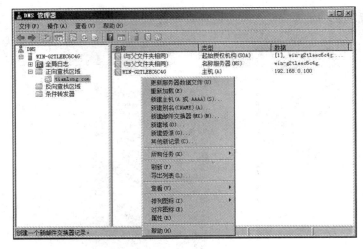

图 2.25 新建别名资源记录

图 2.26 完成合格域名

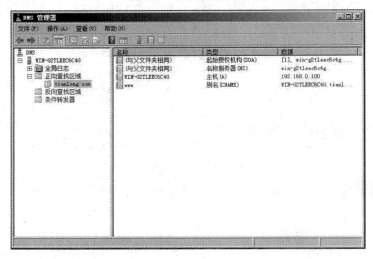

图 2.27 完成资源记录的创建

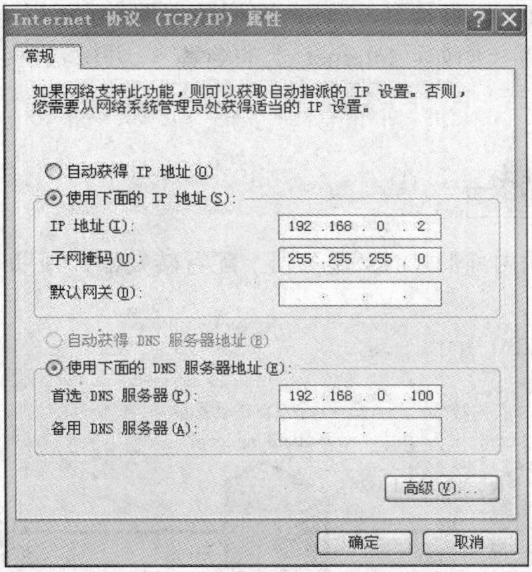

图 2.28 客户端 IP 地址及 DNS 地址设置

图 2.29 nslookup 解析情况

2.3 | DNS 服务器转发器的应用

  DNS 转发器，是网络上的域名系统服务器，用来将外部 DNS 名称的 DNS 查询转发给该网络外的 DNS 服务器。通过让网络中的其他 DNS 服务器将它们在本地无法解析的

查询转发给网络上的 DNS 服务器，该 DNS 服务器即被指定为转发器。使用转发器可管理网络外的名称解析（例如，Internet 上的名称），并改进网络中的计算机的名称解析效率。

实施目标：在企业内部的 DNS 服务器上配置转发器，帮助客户机解析外部网络的 DNS 服务器地址。

实施环境：如图 2.30 所示。

图 2.30　DNS 转发器的环境

实施步骤：

第一步：配置互联网 DNS 服务器 www.163.com 和企业内部 DNS 服务器 www.tianlong.com（具体配置见 2.2 节），客户端的 DNS 地址只填写内部 DNS 地址，如图 2.31 所示。企业内部 DNS 服务器的 E0 接口填写自己的 DNS 地址，如图 2.32 所示。企业内部 DNS 服务器的 E1 接口填写互联网 DNS 服务器的 IP 地址，如图 2.33 所示。

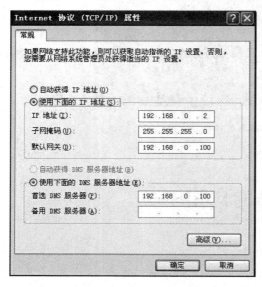

图 2.31　客户端 DNS 地址的填写

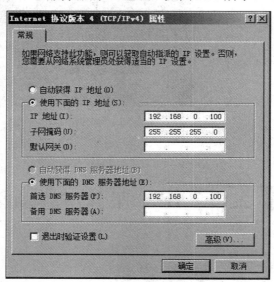

图 2.32　企业内部 DNS 服务器 E0 地址的填写

第二步：在没有做 DNS 转发器之前，DNS 客户端只能解析到内部 DNS 服务器 www.tianlong.com 的地址，不能解析互联网 DNS 服务器 www.163.com 的地址，如图 2.34 所示。

第三步：在企业内部 DNS 服务器上做转发器，在 DNS 管理器上的服务器名上右击选择"属性"命令，如图 2.35 所示。弹出属性对话框，如图 2.36 所示。选择"转发器"并添加互联网 DNS 服务器的 IP 地址，如图 2.37 所示。当企业内部 DNS 服务器解析完成后，就会成功的把互联网 DNS 服务器的 IP 和 FQDN 添加到自己的转发器中，如图 2.38 所示。

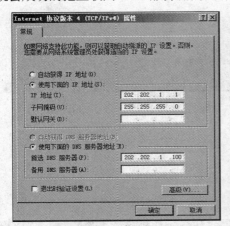

图 2.33　企业内部 DNS 服务器 E1 地址的填写　　　图 2.34　没有转发器之前的解析情况

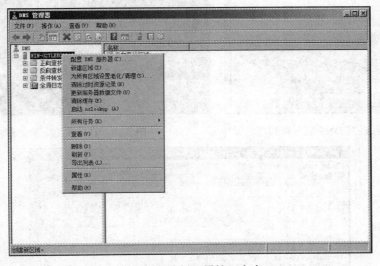

图 2.35　选择"属性"命令

第四步：做 DNS 转发器之后，DNS 客户端既能解析到内部 DNS 服务器 www.tianlong.com 的地址，又能解析互联网 DNS 服务器 www.163.com 的地址，如图 2.39 所示。

第五步：从客户端上捕获数据可以看到在整个 DNS 解析过程中，只有客户端和企业内部 DNS 服务器的数据交互过程，并没有互联网 DNS 服务器的参与，如图 2.40 和图 2.41 所示。

图 2.36　属性对话框

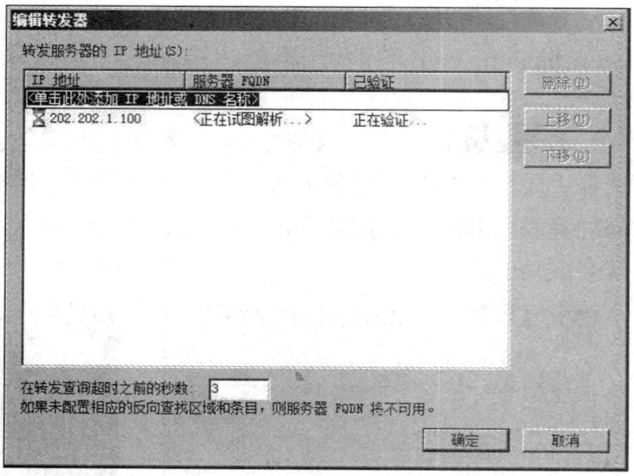

图 2.37　填写互联网 DNS 服务器的 IP 地址

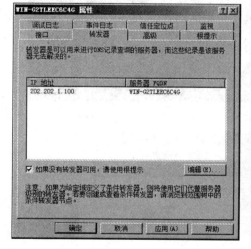

图 2.38　添加互联网 DNS 服务器到转发器中

图 2.39　有转发器之后的解析情况

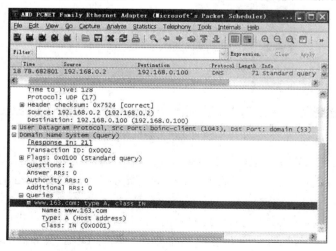

图 2.40　DNS 请求数据包

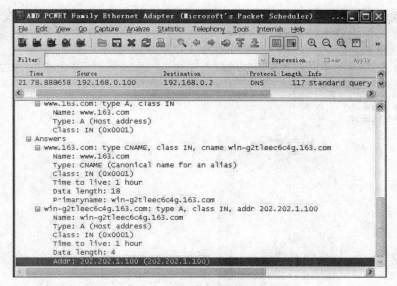

图 2.41　DNS 回应数据帧

2.4　DNS 服务与 DHCP 服务集成完成域名更新

在很多大型的网络中由于主机的数量很多，采用手工去维护客户端的 DNS 记录很不科学，可以利用 DNS 和 DHCP 的功能，使 DNS 客户端能够注册到 DNS 服务器并在每次发生更新时通过 DNS 服务器动态更新其资源记录。

实施目标：在 DNS 服务器、DHCP 服务器配置 DNS 服务与 DHCP 服务集成更新，客户端获得 IP 地址和信息时，自动把信息注册到 DNS 服务器中。

实施环境：如图 2.42 所示。

实施步骤：

第一步：配置 DNS 服务，建立一个名为 tianlong.com 的主要区域和 DHCP 服务（具体配置见 1.2 节和 2.2 节），在 DNS 管理器中右击，如图 2.43 所示，弹出快捷菜单。选择"属性"命令弹出"常规"选项卡，在"动态更新"处改为"非安全"，如图 2.44 所示。

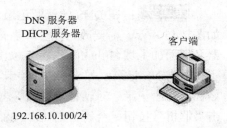

图 2.42　DNS 与 DHCP 的集成环境

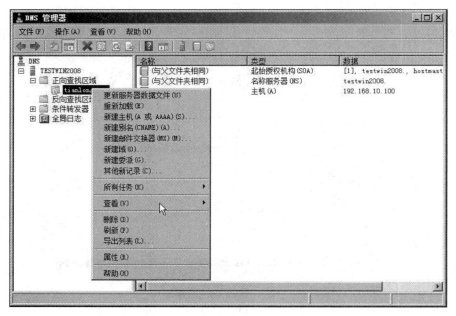

图 2.43　打开域名的选项卡

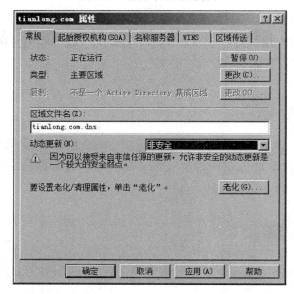

图 2.44　选择非安全动态更新

　　第二步：在 DNS 的资源记录里 SOA 记录和 NS 记录都是 NetBIOS 格式命名的，如图 2.45 所示，需要改为完全域名格式。双击 SOA 记录，弹出 SOA 选项卡，在主服务器名后面加上域名 tianlong.com，如图 2.46 所示。单击"确定"按钮完成，如图 2.47 所示。双击 NS 记录，弹出 NS 选项卡，如图 2.48 所示。单击"编辑"按钮，弹出"编辑名称服务器记录"对话框，在服务器完全限定的域名后面添加 tianlong.com，然后再单击"解析"按钮，会解析出 192.168.10.100 的 IP 地址，如图 2.49 所示。单击"确定"按钮完成，返回"DNS 管理器"对话框，如图 2.50 所示。

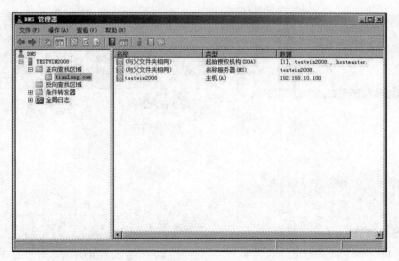

图 2.45　NetBIOS 格式命名的 SOA 和 NS

图 2.46　添加域名后缀

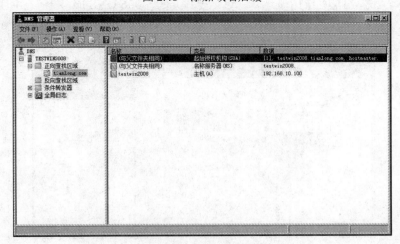

图 2.47　完全域名的 SOA 记录

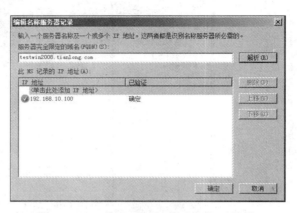

图 2.48　NS 记录的对话框　　　　　　图 2.49　NS 的 FQDN 与其对应的 IP 地址

图 2.50　完全域名的 NS 记录

第三步：右击"作用域选项"，在弹出的快捷菜单中选择"配置选项"命令，如图 2.51 所示。在弹出的"作用域选项"对话框中选择"006 DNS 服务器"，并且添加 DNS 服务器的 IP 地址，如图 2.52 所示。单击"添加"按钮，如图 2.53 所示。

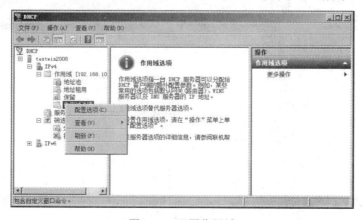

图 2.51　配置作用域

图 2.52　添加 DNS 服务器的 IP 地址

图 2.53　成功添加 DNS 服务器的 IP 地址

第四步：在"作用域选项"对话框中选择"015 DNS 域名"，在"字符串值"处输入 tianlong.com 的域名，如图 2.54 所示。单击"确定"按钮后在 DHCP 的"作用域选项"中可以看到"006 DNS 服务器"和"015 DNS 域名"的参数值，如图 2.55 所示。

第五步：右击"作用域"弹出快捷菜单，如图 2.56 所示。单击"属性"命令，在弹出的对话框的"DNS"选项卡中选择做如图 2.57 所示设置，单击"确定"按钮完成。

第六步：在客户端"Internet 协议 (TCP/IP)属性"选项卡中单击"高级"按钮，如图 2.58 所示。在 DNS 选项卡中进行如图 2.59 所示的设置。当设置完成后，可以看到客

图 2.54　添加 DNS 域名

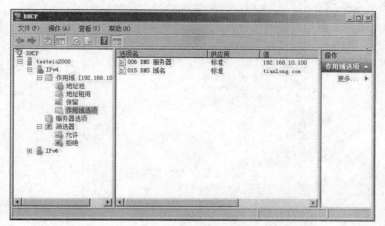

图 2.55　DNS 服务器和 DNS 域名的参数值

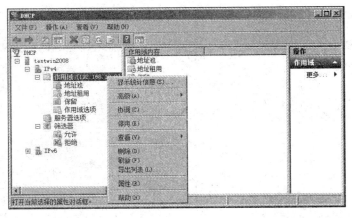

图 2.56　作用域

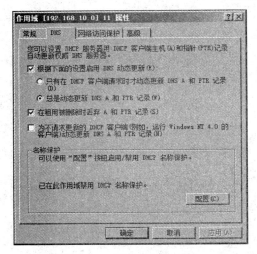

图 2.57　设置 DNS 选项卡

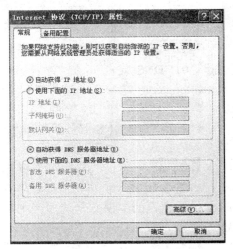

图 2.58　客户端网卡的"高级"选项

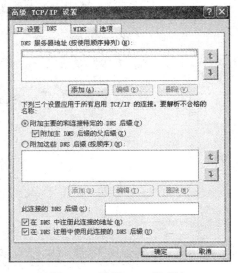

图 2.59　设置 DNS 选项卡

户端自动获取 IP 地址、DNS、域名的信息，如图 2.60 所示。最后回到"DNS 管理器"窗口进行查看，客户端的 IP 信息通过 DHCP 成功地注册到 DNS 服务器上，如图 2.61 所示。

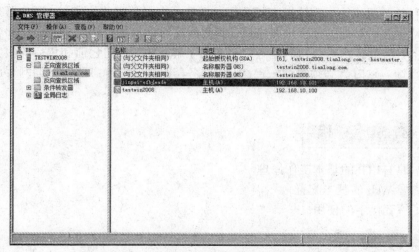

图 2.60　客户端动态获取的信息

图 2.61　客户端成功地注册到 DNS 服务器

2.5　项目总结

本项目主要是针对 DNS 服务器的相关知识进行学习，包括了 DNS 服务器搭建、DNS 服务器的配置等相关的内容。天隆科技公司的网络管理员通过对本项目的学习可以很轻松地完成公司 DNS 服务器的搭建。

项目三

Web 服务器

3.1 项目情景引入

天隆科技公司作为一家比较大的公司，拥有一个对外宣传的 Web 服务器是十分重要的。网站是公司对外的一个重要窗口，利用网站对外宣传公司的企业文化和各种专业的网络服务，方便客户对公司的业务有全面的了解，并对公司售前和售后的服务态度做出重要的反馈。这时就必须搭建一台 Web 服务器，把公司静态或动态的网页放在这里发布出去。

- 掌握 HTTP 的基本工作原理
- 掌握 Web 的基本配置
- 了解套接字的使用

- 能够配置 Web 服务器
- 能够使用套接字让多个网站构建在一个服务器上
- 能够控制 Web 服务器的访问

3.2 Web 服务器的基本配置

1. Web 服务器简介

Web 服务器也称为 WWW（World Wide Web）服务器，主要功能是提供网上信息浏览服务，最常用的 Web 服务器是 Microsoft 的 Internet 信息服务器（Internet Information Services，IIS），它是微软公司主推的 Web 服务器，现在用户一般常用的版本是 Windows 2003 里面包含的 IIS 6 或者是更早的 IIS 5，IIS 与 Windows NT Server 完全集成在一起，因而用户能够利用 Windows NT Server 和 NTFS（NT 的文件系统）内置的安全特性，建立强大、灵活而安全的 Internet（内网）和 Intranet（外网）站点。IIS 支持 ISAPI，使用 ISAPI 可以扩展服务器功能，IIS 的设计目的是建立一套集成的服务器服务，用以支持 HTTP、FTP 和 SMTP，它能够提供快速且集成了现有产品，同时可扩展的 Internet 服务器。新的 IIS7 在 Windows Server 2008 中加入了更多的安全方面的设计，用户现在可以通过微软的.Net 语言来运行服务器端的应用程序。除此之外，通过 IIS7 新的特性来创建模块将会减少代码在系统中的运行次数，将遭受黑客脚本攻击的可能性降至最低。

2. HTTP 的工作原理

如图 3.1 所示，HTTP 的协议工作在 TCP/IP 三次握手以后，然后是客户机发向 Web 服务器的 HTTP 的请求消息。Web 服务器收到请求消息后，回应客户机一个 HTTP 的响应消息，然后会保持 TCP 的连接，如果有新的 HTTP 请求，服务器会再次响应，直到关闭连接。

图 3.1　HTTP 协议的工作原理

实施目标：在 Windows Server 2008 服务器配置 Web 服务器，让客户端能够通过 IP 地址和域名成功地访问到该网站。

实施环境：如图 3.2 所示。

实施步骤：

第一步：在"开始"菜单中选择"管理工具"命令，在弹出的"服务器管理器"

图 3.2　Web 服务器的环境

对话框中单击"添加角色"按钮，如图 3.3 所示。

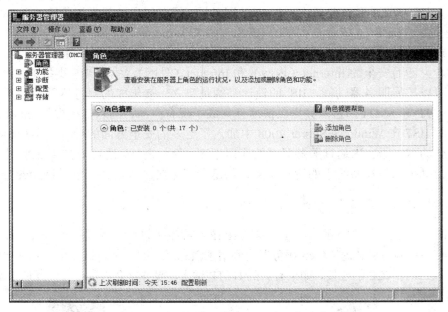

图 3.3　在【服务器管理器】中添加角色

第二步：出现"添加角色向导"对话框，显示"开始之前"页面。如图 3.4 所示，单击"下一步"按钮。

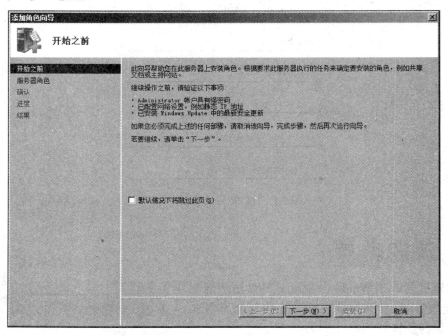

图 3.4　添加角色向导

第三步：在"选择服务器角色"页面中选择安装"Web 服务器(IIS)"，如图 3.5 所示，单击"下一步"按钮。

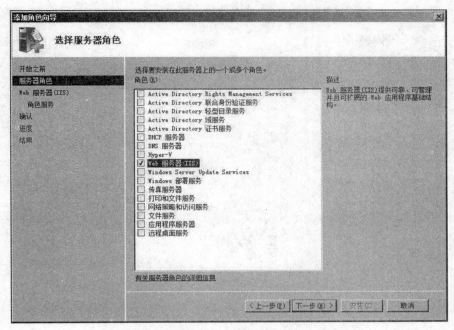

图 3.5　选择服务器角色

第四步：出现"Web 服务器(IIS 简介)"页面，如图 3.6 所示，单击"下一步"按钮。

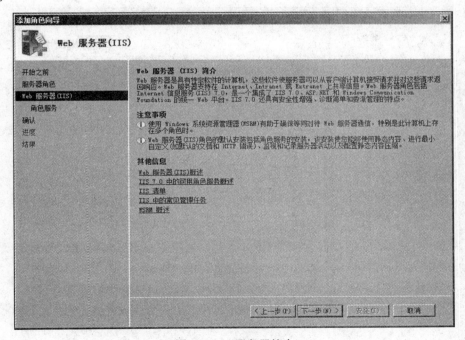

图 3.6　IIS 服务器简介

第五步：选择 Web 服务器(IIS)安装的角色服务组件，如图 3.7 所示，单击"下一步"按钮。

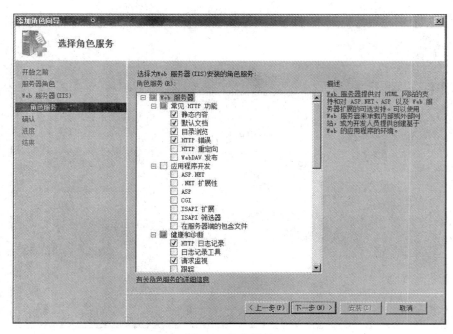

图 3.7　角色组件

第六步：在"确认安装选择"页面中会显示安装的配置信息，如图 3.8 所示，单击"安装"按钮。

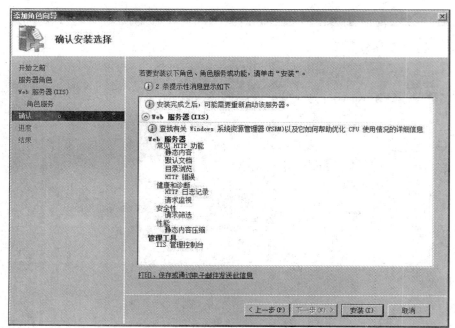

图 3.8　确认安装选择

第七步：安装完成后会在"安装结果"页面显示安装成功与否及相关的信息，单击"关闭"按钮，完成整个安装配置过程，如图 3.9 所示。

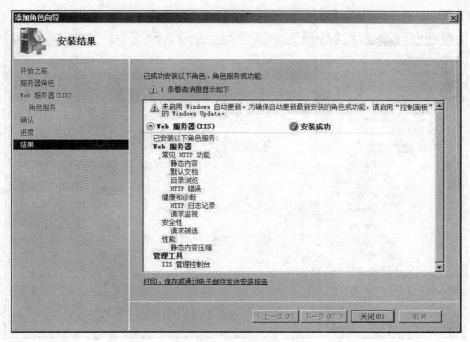

图 3.9　安装结果

第八步：在"开始"菜单中选择"管理工具"命令，选择"Internet 信息服务(IIS)管理器"选项，出现如图 3.10 所示页面。

图 3.10　IIS 的界面

第九步：展开"起始页"选项，删除原本默认的网站，右击 Default Web Site，出现快捷菜单如图 3.11 所示。选择"删除"命令，在弹出的对话框中单击"是"按钮，如

图 3.12 所示。

图 3.11　默认网站的选项

图 3.12　删除默认网站

第十步：右击"网站"选项，如图 3.13 所示，弹出快捷菜单，选择"添加网站"命令进入新网站的信息设置界面，设置网站名称、物理路径和 IP 地址等信息，如图 3.14 所示。单击"确定"按钮后新建网站启动，如图 3.15 所示。

始 项目三 Web 服务器 59

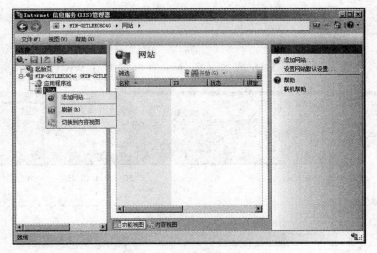

图 3.13　新建网站

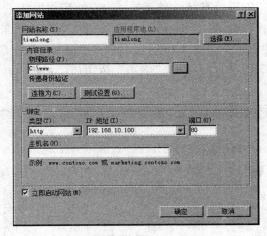

图 3.14　新建网站的信息

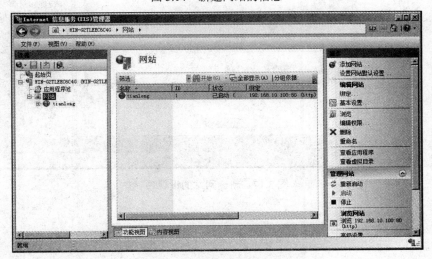

图 3.15　新建网站的启动状态

注意

这里的物理路径如图 3.16 所示。要显示的内容都在 www.htm 文件里面。

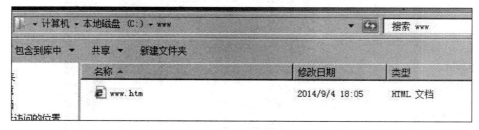

图 3.16　新建网站网页的内容

第十一步：由于网页的默认文档是 www.htm，所以必须把该默认文档添加到 IIS 里面，单击 tianlong 的网站，弹出 tianlong 主页的设置项，如图 3.17 所示。双击"默认文档"进入默认文档的设置，如图 3.18 所示。单击"添加"按钮，在添加默认文档里面添加 www.htm，如图 3.19 所示。单击"确定"按钮后，www.htm 的默认文档被添加，如图 3.20 所示。

图 3.17　新建网站的设置项

图 3.18　默认文档

图 3.19　添加默认文档

　　第十二步：在客户端上访问网站，在地址栏输入 http://192.168.10.100 并按回车键访问成功，如图 3.21 所示。在 Web 服务器上结合 DNS 服务器做站点解析，客户端填写了 DNS 地址后也可以使用域名访问该网站，如图 3.22 所示。

图 3.20　添加默认文档完成

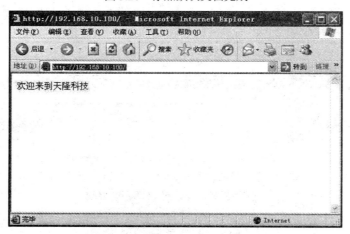

图 3.21　使用 IP 地址访问网站

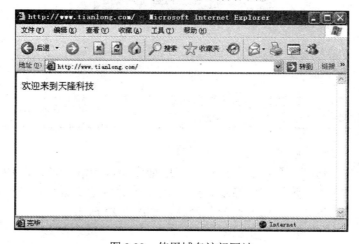

图 3.22　使用域名访问网站

3.3　通过套接字让多个网站构建在一个物理服务器

一台服务器为了节约硬件资源、节省空间和降低能源成本，可以同时安装多个网站。例如，www.tianlong.com 和 www.tianlong.caiwu.com。

要确保客户端的请求能到达正确的网站，必须为服务器上的每个站点配置唯一的标识。要执行此操作，必须至少使用三个唯一标识符（主机头名称、IP 地址和唯一 TCP 端口号）中的一个来区分每个网站。注意：要标准化唯一标识每个服务器上网站的方法，最好使用主机头名称。通过优化缓存和路由查找，使每个服务器都可以提高性能。相反，将主机头、唯一 IP 地址或非标准端口号任意组合使用以标识同一服务器上的多个网站会降低服务器上所有网站的性能。唯一 IP 地址主要用于在本地服务器上主控安全套接字（SSL）的 Internet 服务。非标准 TCP 端口号通常不推荐使用此方法。

实施目标： 在一个 Windows Server 2008 服务器配置两个 Web 网站，让客户端能够通过域名成功地访问到不同的网站。

实施环境： 如图 3.23 所示。

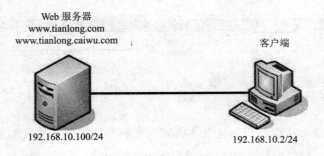

图 3.23　架构两个 Web 网站在同一个服务器的环境

实施步骤：

<u>第一步</u>：在 Internet 信息服务(IIS)管理器中建立一个名为"公司主页"的网站，主机名对应 www.tianlong.com，如图 3.24 所示。再建立一个名为"财务"的网站，主机名对应 www.tianlong.caiwu.com，如图 3.25 所示。默认文档处改为 www.htm，因为两个网站的主页都是使用的 www.htm 命名，如图 3.26 和图 3.27 所示。

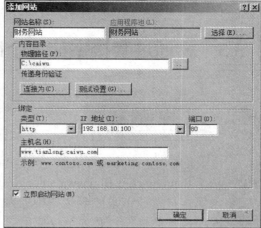

图 3.24 公司主页的网站　　　　　　　　图 3.25 公司财务的网站

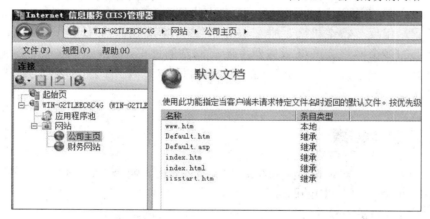

图 3.26 公司主页的默认文档

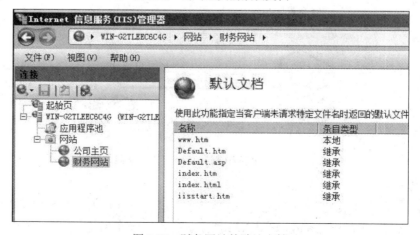

图 3.27 财务网站的默认文档

第二步：在 DNS 服务器上建立一个名为 tianlong.com 的域名，如图 3.28 所示，和一个名为 tianlong.caiwu.com 的域名，如图 3.29 所示。

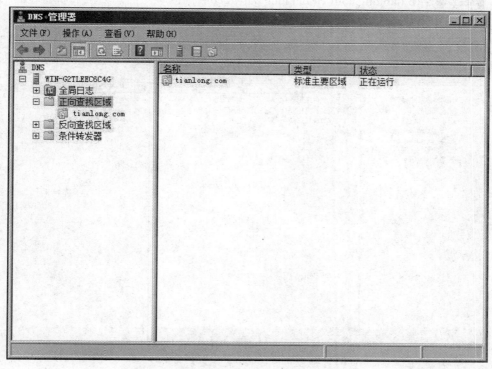

图 3.28　建立 tianlong.com 的域名

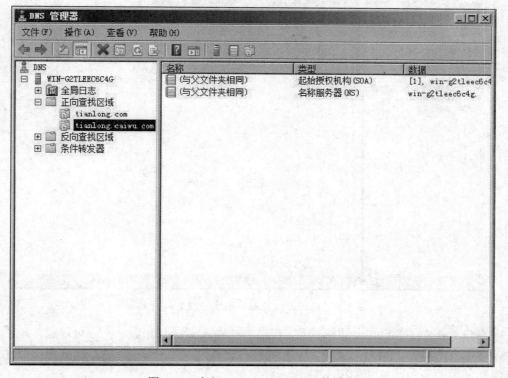

图 3.29　建立 tianlong.caiwu.com 的域名

第三步：在 tianlong.com 和 tianlong.caiwu.com 的区域里面建立主机名和对应的别名，如图 3.30 和图 3.31 所示。

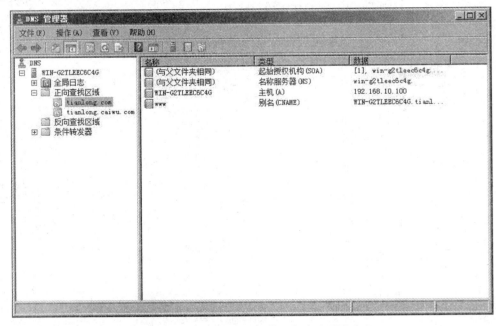

图 3.30   tianlong.com 的主机名和别名

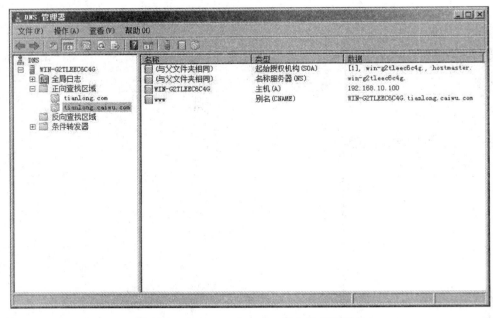

图 3.31   tianlong.caiwu.com 的主机名和别名

第四步：在客户端上访问网站，在地址栏输入 www.tianlong.com 可以成功地访问到公司主页的网站，如图 3.32 所示。在地址栏输入 www.tianlong.caiwu.com 可以成功地访问到公司财务的网站，如图 3.33 所示。

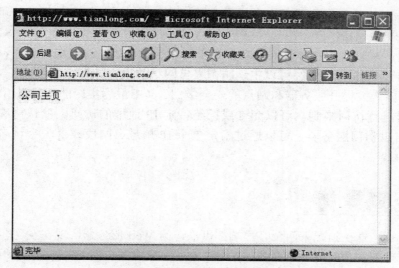

图 3.32　成功访问到公司主页的网站

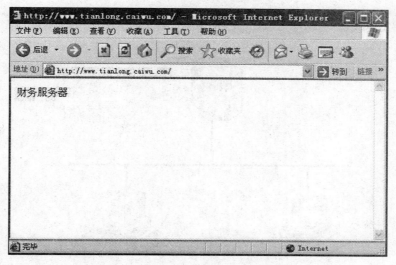

图 3.33　成功访问到公司财务的网站

3.4 控制 Web 服务器的访问

　　WWW 服务已经成为众多网络的必备服务，被用来提供信息发布、邮件查询、电子商务、网络办公等。但是，通常情况下，普通用户对 WWW 安全知之甚少，WWW 服务的安全直接决定了多种网络服务的安全，甚至影响整个网络的安全，基于 IIS 7.0

的 WWW 服务本身已经集成了多种安全功能，用户只需通过简单的配置便可获得安全可靠的网络平台，IIS 7.0 的安全性和实用性都经过了重新设计和整合。IIS7.0 支持多种安全机制，从管理控制台访问权限控制，到站点、目录的访问权限设置，从身份验证到传输加密，IIS 本身已经可以主动防御来自网络的攻击，同时配合 NTFS 权限的访问控制，可以大大提升服务器和站点的安全级别。其中最为实用的就是以 IP 地址来对 Web 服务器进行访问限制，可以允许或拒绝特定 IP 地址的访问。默认情况下，所有 IP 地址都可以访问服务器，可以通过指定单个 IP 地址、网段或者一个域名来设置访问限制。

实施目标： 默认情况下两台客户端都可以访问 Web 服务器，现在发现客户端 B 出现了非常严重的安全问题，需要进行安全限制，不允许其访问 Web 服务器。

实施环境： 如图 3.34 所示。

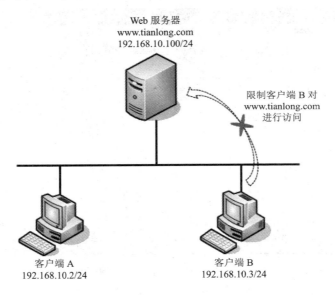

图 3.34　安全控制访问 Web 服务器的环境

实施步骤：

第一步：安装 Web 安全限制的组件，在 Windows 2008 Server 的 IIS 7.0 默认是没有安装这个功能组件的。打开服务器管理器，可以看到已经安装的 DNS 服务器和 Web 服务器(IIS)，如图 3.35 所示。展开 Web 服务器(IIS)，可以看到角色状态和角色服务，如图 3.36 所示。展开"角色服务"，可以看到"IP 和域限制"是未安装的状态，如图 3.37 所示。单击"添加角色服务"，对"IP 和域限制"进行安装，如图 3.38 所示。

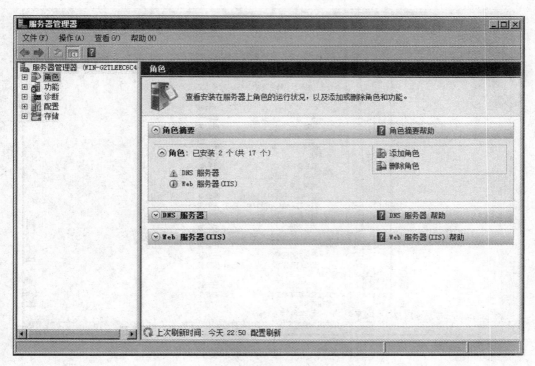

图 3.35 已安装的角色

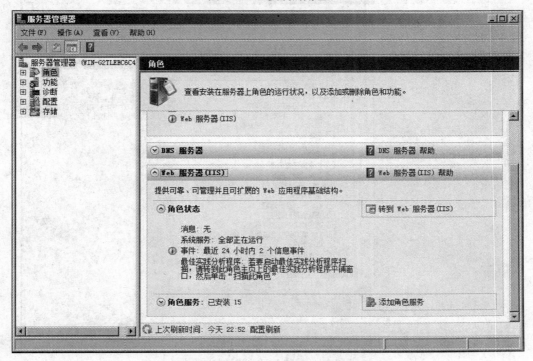

图 3.36 Web 服务器(IIS)的角色状态和角色服务

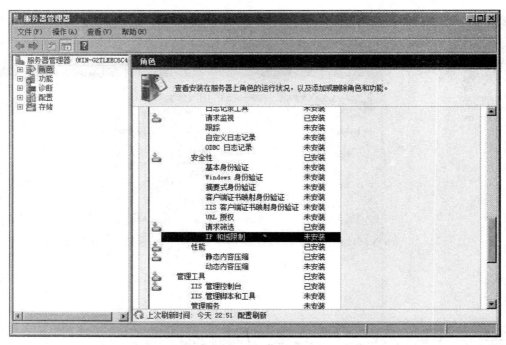

图 3.37　IP 和域限制未安装状态

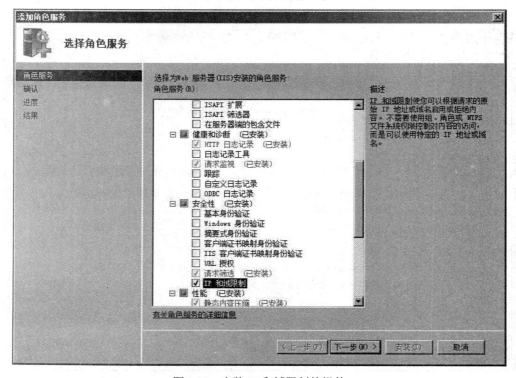

图 3.38　安装 IP 和域限制的组件

第二步：安装完成后打开网站的主页，在该主页的下面可以看到"IP 地址和域限制"图标，如图 3.39 所示。双击该图标进入配置界面，如图 3.40 所示。单击右上角的"添加拒绝条目"，弹出"添加拒绝限制规则"对话框，在该环境中对客户端 B 进行限制，拒绝其访问 Web 服务器，如图 3.41 所示。单击"确定"按钮后完成。

图 3.39　"IP 地址和域限制"成功安装

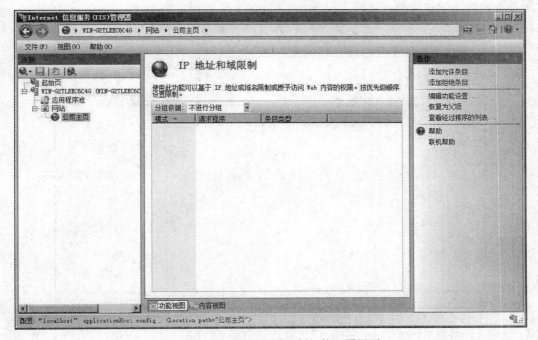

图 3.40　"IP 地址和域限制"的配置界面

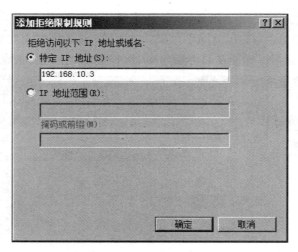

图 3.41　添加拒绝的 IP 地址

> **注意**
>
> 特定的 IP 地址是指某一个主机，IP 地址范围是指一个网段。

第三步：分别在两台客户端上访问网站，在客户端 A 上输入 www.tianlong.com 可以成功地访问到公司主页的网站，如图 3.42 所示。在客户端 B 上输入 www.tianlong.com，服务器会提示禁止访问，如图 3.43 所示。

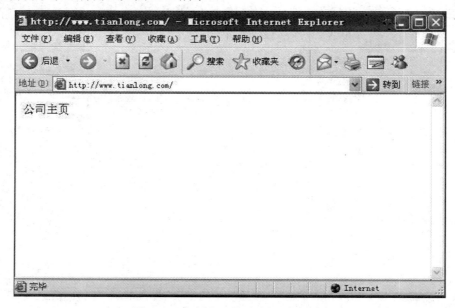

图 3.42　客户端 A 成功访问到服务器

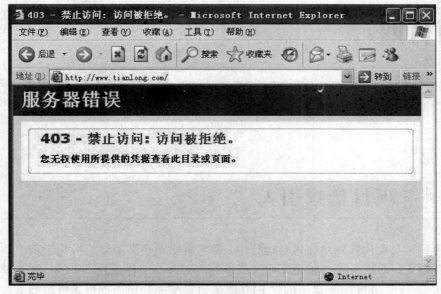

图 3.43　客户端 B 访问被拒绝

3.5 项目总结

　　本项目针对 Web 服务器的学习，主要包括了 Web 服务器的基本配置和运用。通过本项目的学习，天隆科技公司网络管理员可以将公司的静态或者动态网站发布出去，让客户对公司的业务有一个全面的了解。

项目四

FTP 服务器

4.1 项目情景引入

天隆科技公司内部网络在日常运行中，常常有出差员工需要将数据远程上传到公司内部服务器上，而这个功能如果只通过简单的内部共享文件是做不到的，那么就需要在 Windows Servers 2008 服务器上创建 FTP 服务器来实现公司内部员工资料的上传下载。

- 了解 FTP 服务器的功能
- 掌握 FTP 服务器的主动模式
- 掌握 FTP 服务器的被动模式

- 能够搭建 FTP 服务器

4.2 FTP 服务器的基本配置

1. FTP 服务器

FTP 是 File Transfer Protocol 的英文缩写，即文件传输协议。文件传输是 Internet 上的一种高效、快速传输大量信息的方式，通过网络可以将文件从一台计算机传送到另一台计算机。FTP 协议是 Internet 上最早使用的，也是目前使用最广泛的文件传输协议。通过 TCP/IP 协议连接的计算机，只要安装了 FTP 协议及相关软件，就可以互相进行文件传输，既允许从远程计算机下载文件，也允许将本地计算机中的文件上传到远程主机。FTP 用于 Internet 上的控制文件的双向传输，同时，它也是一个应用程序（Application）。在 TCP/IP 协议中，FTP 使用两个端口号进行工作，端口 21 用于发送和接收 FTP 控制信息，端口 20 用于发送和接收数据。FTP 协议的任务是将文件从一台计算机传送到另一台计算机，它与这两台计算机所处的位置、连接的方式，以及是否使用相同的操作系统无关。FTP 有两种模式，一种叫"主动 FTP"，另一种叫"被动FTP"，默认使用"被动 FTP"。

2. FTP 客户端

要从 FTP 服务器下载文件或上传文件，需要借助于 FTP 客户端来完成，一个好的FTP 客户端不仅能与服务器建立连接，完成文件的上传下载，还应该具有友好的用户界面，支持断点续传等功能。互联网上常用的 FTP 客户端程序主要有 3 种类型：FTP 命令行、浏览器和 FTP 下载工具。

（1）FTP 命令行

在 UNIX 操作系统中，FTP 是系统的一个基本命令，用户可以通过命令行的方式完成文件传输。在 Windows 系统命令控制台中也可以使用 FTP 命令，如图 4.1所示。

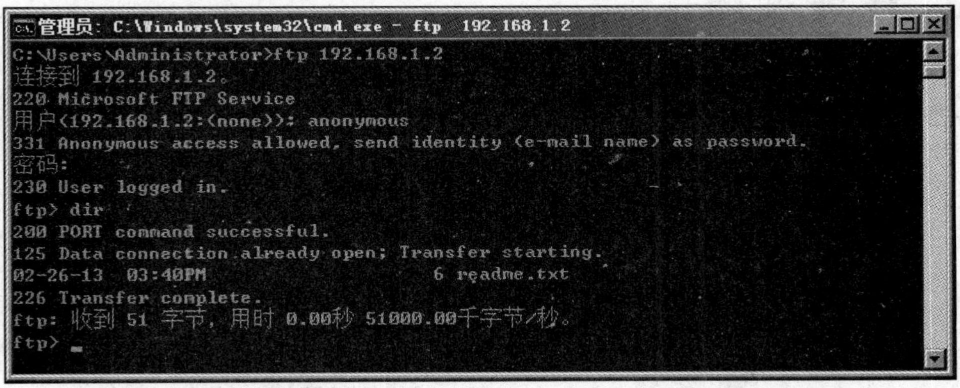

图 4.1 FTP 命令行

（2）浏览器

大多数浏览器都支持 FTP 文件传输协议，用户只要在地址栏中输入以 ftp://开头的URL，就可以下载文件，也可以通过浏览器上传文件。在 Windows 中，可以使用 IE 浏览器或者资源管理器访问 FTP 站点，如图 4.2 所示。

（3）FTP 下载工具

因特网上大多数的下载工具都可以下载FTP文件，而能实现上传和下载的专用FTP下载软件也有很多，比较常用的有FLASHFTP、LEAPFTP、CuteFTP等。在这三者中，FLASHFTP速度是最快的，但是访问某些教育网站不稳定，有时还会出现传大文件停顿的现象；LEAPFTP是最稳定的，访问所有网站都比较稳定，而且很少停顿，但是速度有所不足；CuteFTP的优点在于功能繁多，速度和稳定性介于前面的两者之间。

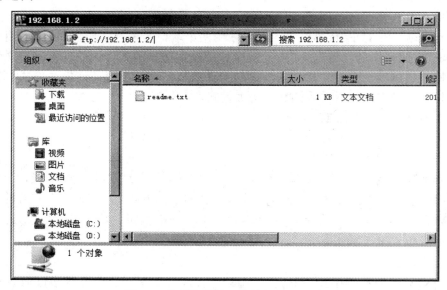

图 4.2 使用资源管理器访问 FTP 站点

实施目标：在 Windows 2008 Server 服务器配置 FTP 服务器，让客户端能够通过 FTP 服务器下载所需要的文件。

实施环境：如图 4.3 所示。

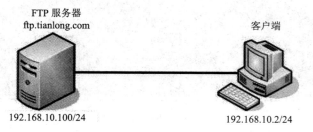

图 4.3 FTP 服务器的环境

实施步骤：

第一步：在"开始"菜单中选择"管理工具"命令，在弹出的"服务器管理器"对话框中选择"添加角色"按钮，如图 4.4 所示。

第二步：出现"添加角色向导"对话框，显示"开始之前"页面，如图 4.5 所示，单击"下一步"按钮。

第三步：在"选择服务器角色"页面中选择安装"Web 服务器(IIS)"，如图 4.6 所示，单击"下一步"按钮。

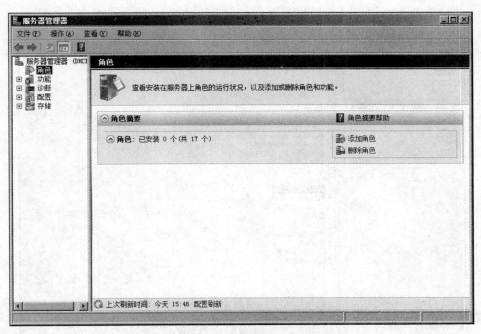

图 4.4 在"服务器管理器"中添加角色

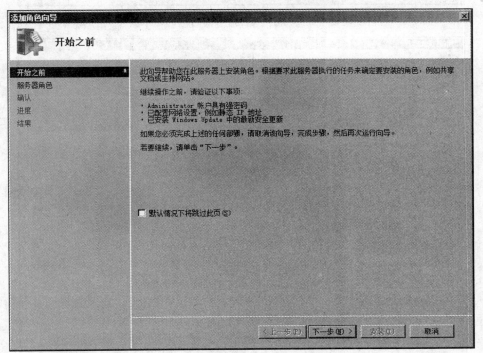

图 4.5 添加角色向导

第四步：出现"Web 服务器(IIS 简介)"页面，如图 4.7 所示，单击"下一步"
按钮。

第五步：选择 Web 服务器(IIS)安装的角色服务组件，选择"FTP 服务器"，如

图 4.8 所示，单击"下一步"按钮。

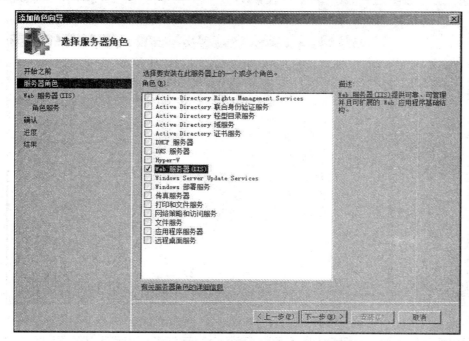

图 4.6　选择服务器角色

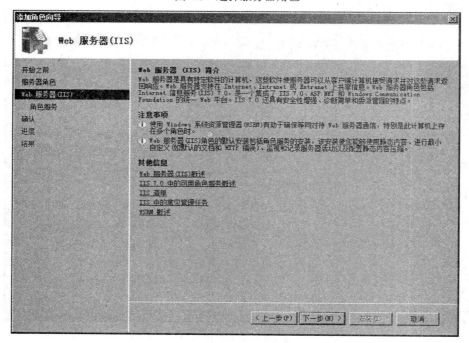

图 4.7　IIS 服务器简介

第六步：在"确认安装选择"页面中会显示安装的配置信息，如图 4.9 所示，单击"安装"按钮。

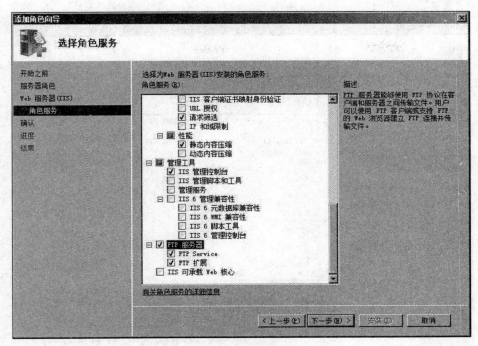

图 4.8　角色组件

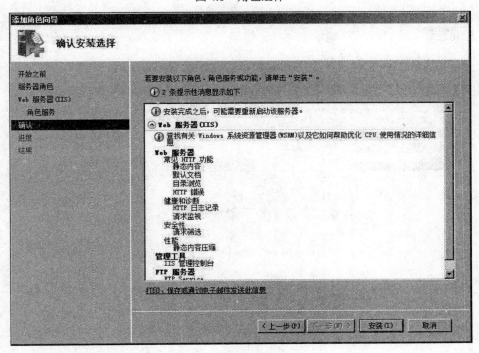

图 4.9　确认安装选择

第七步：安装完成后会在"安装结果"页面显示安装成功与否及相关的信息，单击"关闭"按钮，完成整个安装配置过程，如图 4.10 所示。

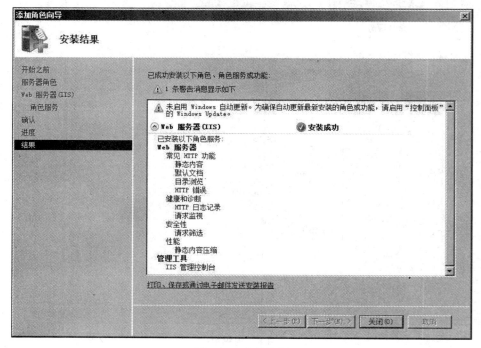

图 4.10　安装结果

第八步：在"开始"菜单中选择"管理工具"命令，弹出"Internet 信息服务(IIS)
管理器"对话框，如图 4.11 所示。

图 4.11　IIS 的界面

第九步：展开"起始页"选项，右击"网站"选项，弹出快捷菜单如图 4.12 所示，选择"添加 FTP 站点"命令进入 FTP 站点的信息设置界面，设置站点名称、物理路径，如图 4.13 所示。单击"下一步"按钮，设置 FTP 的 IP 地址、端口号和 SSL，如图 4.14 所示。单击"下一步"按钮设置"身份验证和授权信息"，如图 4.15 所示。单击"完成"按钮后 FTP 站点建立完成，如图 4.16 所示。

图 4.12　添加 FTP 站点

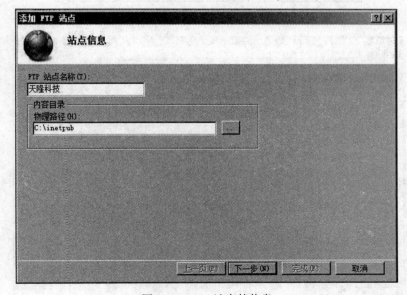

图 4.13　FTP 站点的信息

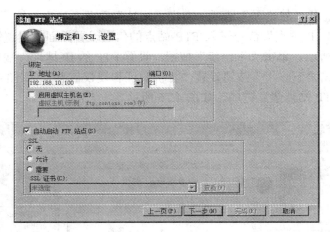

图 4.14　站点绑定和 SSL

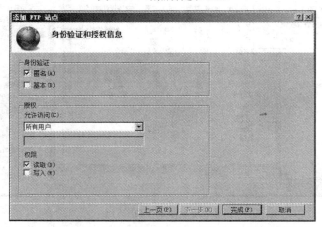

图 4.15　身份验证和授权信息

图 4.16　FTP 建立完成

第十步：在客户端上访问 FTP 站点，在地址栏输入 ftp://192.168.10.100 并按回车键访问成功，如图 4.17 所示。在 FTP 服务器上结合 DNS 服务器做站点解析，使客户端填写了 DNS 地址后也可以使用域名访问该站点，如图 4.18 所示。

图 4.17　使用 IP 地址访问 FTP 站点

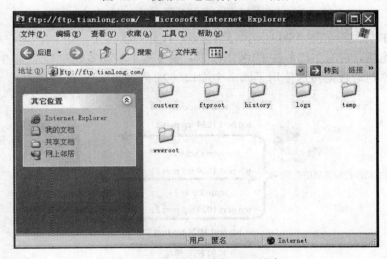

图 4.18　使用域名访问 FTP 站点

4.3　FTP 服务器的主动模式和被动模式的配置

主动 FTP 模式：如图 4.19 所示，主动 FTP 实际上是经过两次 TCP 三次握手完成的，

数据最终在 20 号端口上进行传送。这两次 TCP 三次握手，一次是由客户机主动发起到 FTP 服务器连接，FTP 客户端以大于等于 1024 的源端口向 FTP 服务器的 21 号端口发起连接，一次是 FTP 服务器主动发起到客户端的连接，服务器使用源端口号 20 主动向客户机发起连接。可以把服务器发起到客户端的连接看成是一个服务器主动连接客户端一个新的 TCP 会话，会话的初始方是 FTP 服务器。

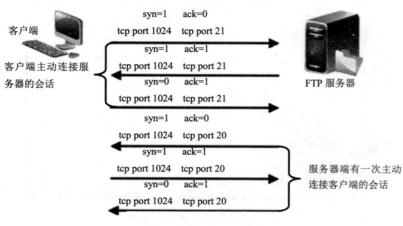

图 4.19　主动 FTP 模式

被动 FTP 模式：如图 4.20 所示，只有一次 TCP 三次握手，是 FTP 客户端主动发起到服务器的连接。它与主动 FTP 的区别在于，服务器不主动发起对客户端的 TCP 连接，FTP 的消息控制与数据传送使用了同一个端口（21 号端口）。

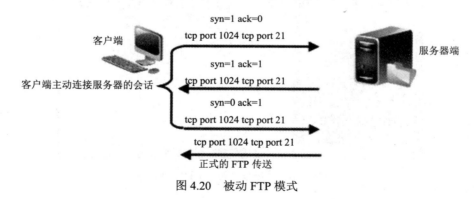

图 4.20　被动 FTP 模式

实施目标：利用协议分析器分析与取证主动 FTP 工作原理。

实施环境：如图 4.21 所示。

实施步骤：

第一步：首先实现 FTP 服务器的配置，再捕获主动 FTP 服务器的数据帧。

第二步：分析主动 FTP 的数据帧，如图 4.22～图 4.24 所示。

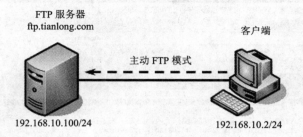

图 4.21 主动 FTP 模式环境

图 4.22 主动 FTP 的数据帧客户端与服务器的三次握手

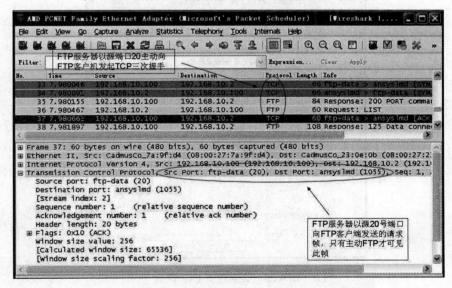

图 4.23 主动 FTP 的数据帧服务器与客户端的三次握手

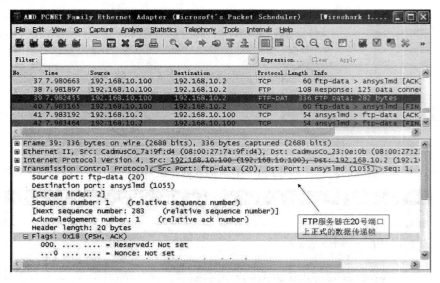

图 4.24　主动 FTP 服务器传输数据的端口号

注意

　　在实际环境中，FTP 默认为被动模式，目的是为了与市场上的各种状态防火墙的安全策略相兼容。如果要分析主动 FTP 的数据帧，就必须改变 FTP 模式，将默认的被动模式改为主动模式，如图 4.25 所示。

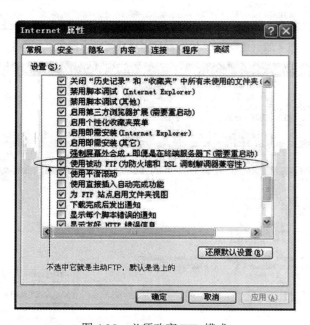

图 4.25　必须改变 FTP 模式

　　实施目标： 利用协议分析器分析与取证被动 FTP 工作原理。

实施环境：如图 4.26 所示。

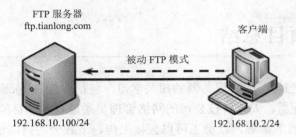

FTP 服务器
ftp.tianlong.com

被动 FTP 模式

客户端

192.168.10.100/24　　　　192.168.10.2/24

图 4.26　被动 FTP 模式环境

实施步骤：

第一步：首先实现 FTP 服务器的配置，再捕获被动 FTP 服务器的数据帧。

第二步：分析被动 FTP 的数据帧，如图 4.27 和图 4.28 所示。

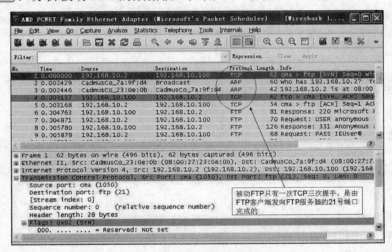

图 4.27　被动 FTP 的三次握手过程

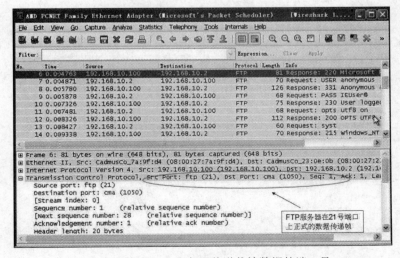

图 4.28　被动 FTP 服务器传递传输数据的端口号

4.4 项目总结

本项目主要是针对 FTP 服务器的相关学习，包括 FTP 服务器的基本配置、主动模式和被动模式的配置。天隆科技公司的网络管理员通过对本项目的学习，就可以完成公司内部 FTP 服务器的部署，让员工可以直接上传、下载公司内部资料。

项目五

路由远程访问服务

5.1 | 项目情景引入

　　天隆科技公司作为一家大型企业，会出现大量的员工外出工作的情况，但他们仍使用到内部服务器上的一些资料。天隆科技公司网络管理员决定在服务器上开动路由，并且架设 NAT 服务器，让外出员工能够访问服务器的资料，但是这样服务器就不会太安全，所以网络管理员决定在它们之间架设 PPTP VPN，让外出员工通过合法身份登录后才能够访问服务器。

知识目标

- 了解路由技术的工作原理
- 了解路由技术的分类
- 理解动态路由协议 RIP 的工作原理
- 理解 VPN 的工作原理及类型
- 理解 NAT 服务器的工作原理

能力目标

- 能够配置基于服务器的路由技术
- 能够配置在服务器配置动态路由协议
- 能够配置 PPTP VPN
- 能够在服务器上配置 NAT

5.2 | 基于服务器路由的配置

1. 路由技术的理论知识

路由技术属于 OSI 七层模型中的第三层（网络层）的技术，路由技术是把数据包从信源（通信源主机）穿过网络中间设备（路由器）转发到信宿（通信目标主机）的行为。从信源到信宿的路径中至少会遇到一个以上的中间设备。

2. 路由技术的概念

通过实例来说明路由的过程：当 192.168.0.0 子网上的主机要到 192.168.3.0 子网时，就需要使用路由技术。具体过程是：如图 5.1 所示，192.168.0.0 子网的主机将需要到达目标 192.168.3.0 的数据包通过服务器 A 上配置的默认网关将数据包投递到服务器 B，然后服务器 B 根据自己的路由表得知要到目标子网 192.168.3.0 必须经过服务器 B 的 192.168.1.2 进行转发，所以服务器 A 通过路由技术将数据包转发到服务器 B（192.168.1.2），此时服务器 A 的路由转发工作已完成。注意：就服务器 A 而言，它并不需要知道它的下一跳服务器 B 怎样去转发数据包。换言之，服务器 A 只需要知道，要到目标网络 192.168.3.0 的下一跳是谁，而不需要去知道到目标下一跳的再下一跳是谁。当服务器 B 收到服务器 A 投递来的数据包后，它同样会查询自己的路由表，得知到目标子网 192.168.3.0 必须经过服务器 C 的 192.168.2.2 到达，所以服务器 B 将数据包转发给服务器 C（192.168.2.2），服务器 C 收到数据包之后查询自己的路由表，得知 192.168.3.0 是它直连的子网，所以服务器 C 把数据包直接转发到 192.168.3.0 子网中。

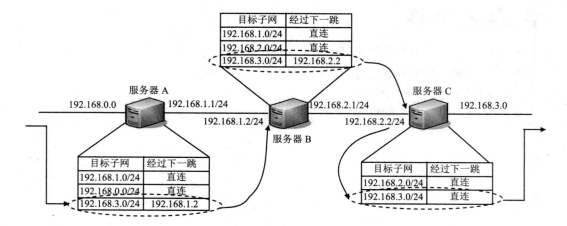

图 5.1 路由的示意图

实施目标: 在 Windows 2008 Server 服务器配置路由,客户端 A 能够与客户端 B 进行通信。

实施环境: 如图 5.2 所示。

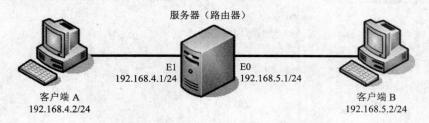

图 5.2 服务器路由的环境

实施步骤:

第一步:安装"路由和远程访问"服务。在"开始"菜单中选择"管理工具"命令,在弹出的"服务器管理器"对话框中单击"添加角色"按钮,如图 5.3 所示。

> **注意**
>
> 在服务器上配置路由是需要安装"路由和远程访问"功能,在 Windows Server 2003 和以前的版本都是默认有安装的,而在 Windows Server 2008 上则是没有,所以需要安装。

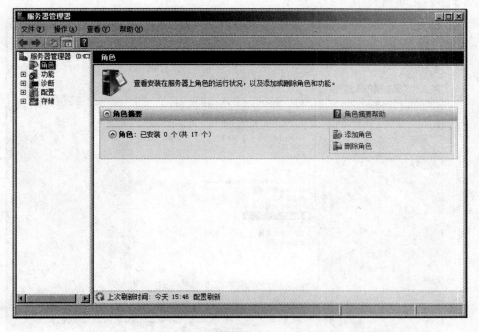

图 5.3 在"服务器管理器"中添加角色

第二步：出现"添加角色向导"对话框，显示"开始之前"页面，如图 5.4 所示，单击"下一步"按钮。

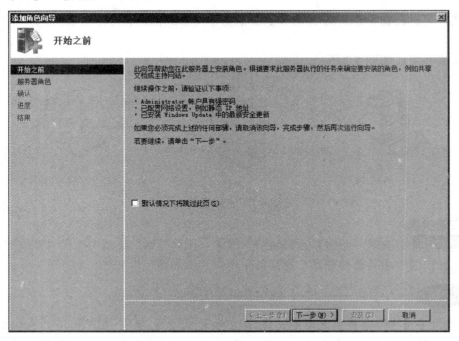

图 5.4 添加角色向导

第三步：在"选择服务器角色"页面中选择安装"网络策略和访问服务"，如图 5.5 所示，单击"下一步"按钮。

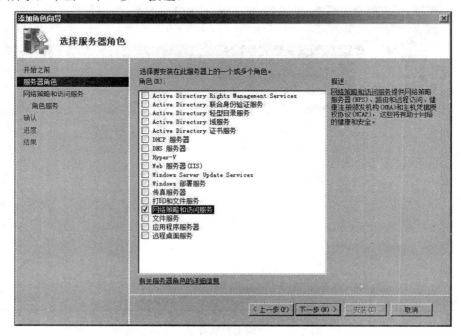

图 5.5 选择服务器角色

第四步：出现"网络策略和访问服务简介"页面，如图5.6所示，单击"下一步"按钮。

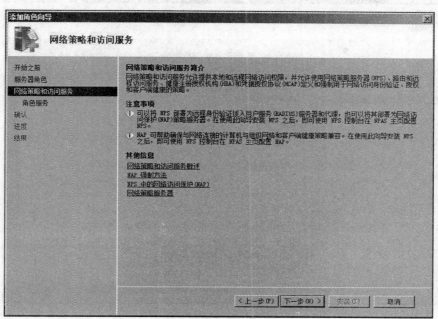

图5.6 网络策略和访问服务简介

第五步：在"选择为网络策略和访问服务安装的角色服务"页面中，选择"路由和远程访问服务"，如图5.7所示，单击"下一步"按钮。

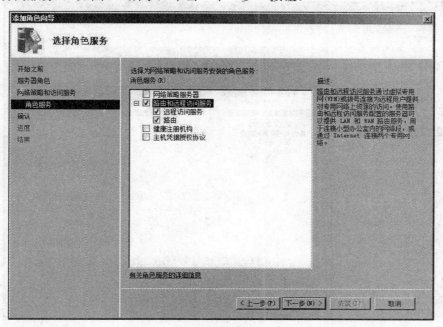

图5.7 选择路由和远程访问服务

第六步：弹出安装界面，如图 5.8 所示，单击"安装"按钮。

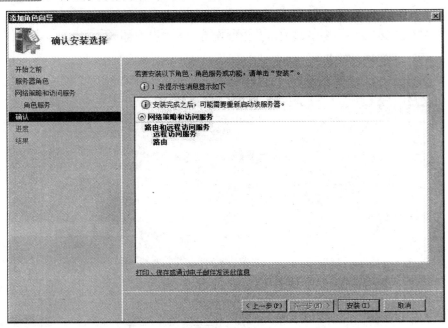

图 5.8　确认安装选择

第七步：安装完成后会在"安装结果"页面显示安装成功与否及相关的信息，单击"关闭"按钮，完成整个安装配置过程，如图 5.9 所示。

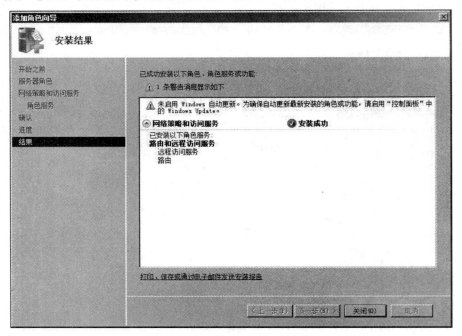

图 5.9　安装结果

第八步：在"开始"菜单中选择"管理工具"命令，选择"路由和远程访问"

选项，出现"路白和远程访问"页面，如图 5.10 所示。

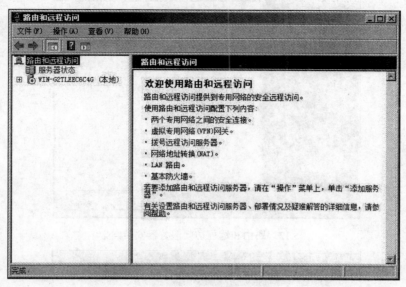

图 5.10　路由和远程访问

第九步：右击"服务器状态"下的"本地服务器"，如图 5.11 所示。在弹出的快捷菜单中选择"配置并启动路由和远程访问"命令，弹出"路由和远程访问服务器安装向导"页面，如图 5.12 所示，单击"下一步"按钮。

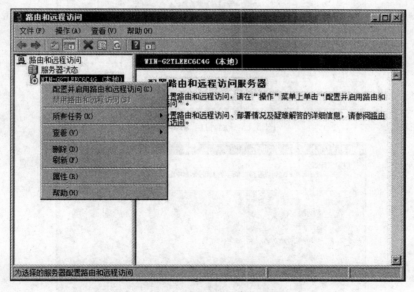

图 5.11　选择配置路由和远程访问

第十步：在配置服务器的功能中选择"自定义配置"单选按钮，如图 5.13 所示，单击"下一步"按钮。在自定义配置中选择"LAN 路由"复选框，如图 5.14 所示，单击"下一步"按钮。选择完成后会显示出所选择的服务，如图 5.15 所示，单击"完成"按钮。系统会提示"启动服务"，如图 5.16 所示。

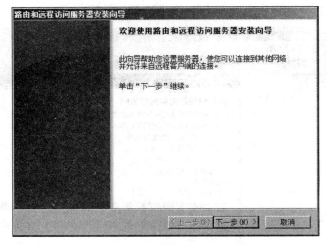

图 5.12　路由和远程访问服务器安装向导

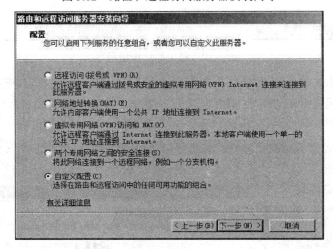

图 5.13　启动自定义配置

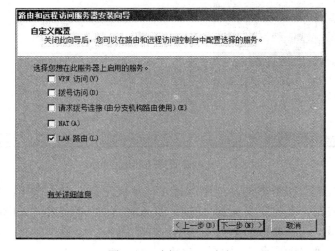

图 5.14　选择 LAN 路由

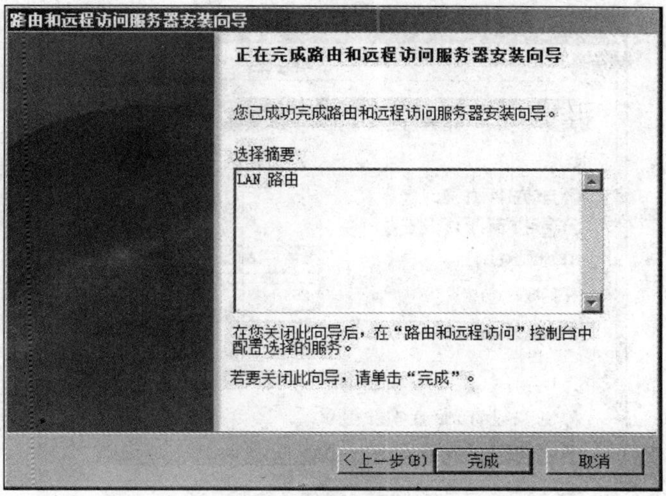

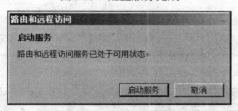

图 5.15　配置服务完成

图 5.16　启动服务

第十一步：在客户端 A 和客户端 B 上分别填写 IP 地址和网关，如图 5.17 和图 5.18 所示。在客户端 A 上使用 ping 指令去与客户端 B 进行通信，可以看到通信成功，如图 5.19 所示。

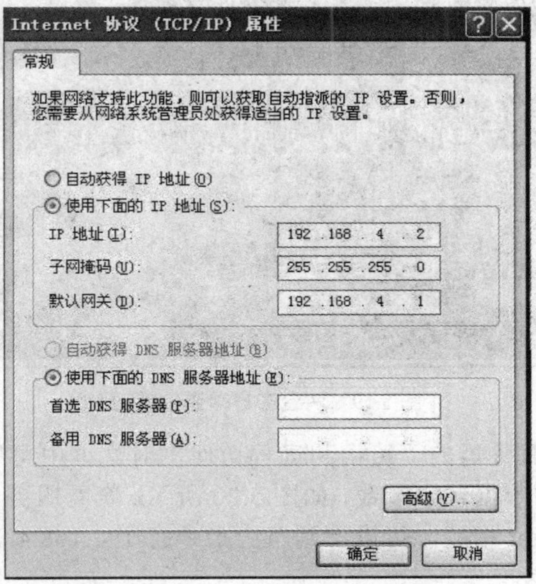

图 5.17　客户端 A 的 IP 地址和网关

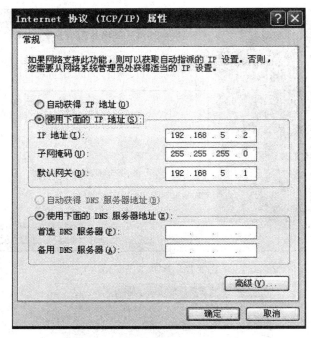

图 5.18　客户端 B 的 IP 地址和网关

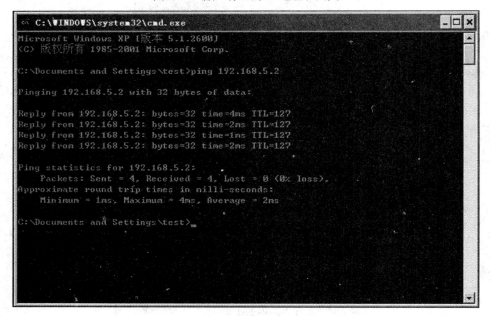

图 5.19　两台客户端通信成功

第十二步：在服务器的"路由和远程访问"对话框中可以看到两台客户端经过服务器接口通信的数据包字节数，如图 5.20 所示。查看服务器的路由表，在 Cmd 模式下使用 route print 指令，可以看到路由表中有 192.168.4.0 和 192.168.5.0 两个网段，如图 5.21 所示。

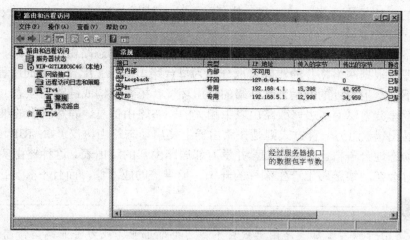

图 5.20 经过服务器接口的数据包

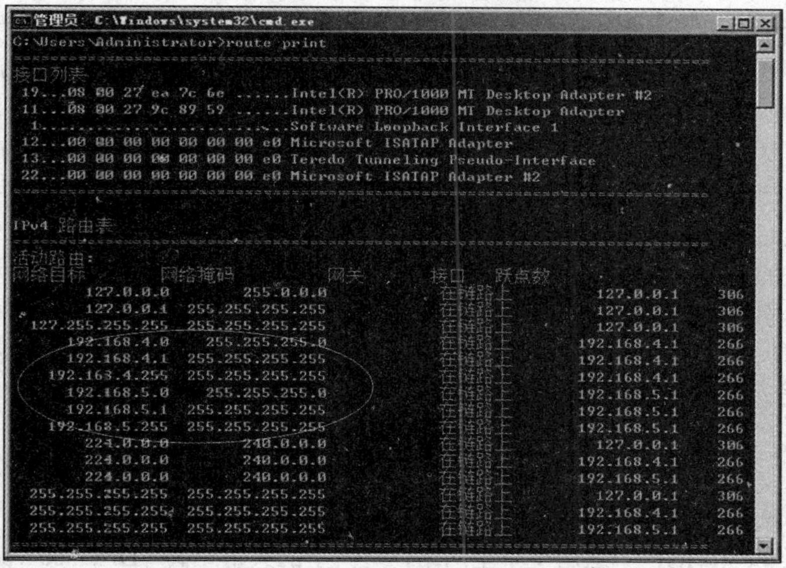

图 5.21 服务器的路由表

5.3 联动其他厂商路由器配置动态路由协议

1. 路由技术的分类

路由技术从不同的角度可以对其进行不同的分类，但分类的形式大致包括通过构建路由表的实施行为分类，根据路由协议的算法与特性分类，通过路由协议的作用范围分类。

构建路由表从维护与管理的角度可以分为静态路由和动态路由两种方式。静态路由是网络管理员根据网络拓扑的实际情况分别为每台路由器手工配置路由的过程，它在网络链路上不会产生额外的开销。当网络的路由环境（拓扑结构或链路的状态）发生变化时，网络管理员需要手工去修改路由表中相关的静态路由信息。静态路由的维护成本较高而且容易出错。而另一种方式则是在路由器上使用动态路由协议（如：RIP、OSPF 等）使路由器动态地公告自己的路由表，并学习邻居路由器的路由表。这种路由实现方式在路由更新时会在网络链路上产生额外的开销，但维护的成本低，而且不容易出错。

> **注意**
>
> 静态路由一般用于那些路由器数目不多的小型企业，或为企业链路作测试使用。动态路由一般用于路由器数目较多且网络拓扑结构较为复杂的企业。

从路由协议算法与特性可以将路由协议分为距离矢量路由协议（Distance-Vector）与链路状态路由协议（Link State）。

距离矢量路由协议规定了距离与方向。该路由协议在动态告之邻居它的路由表时，不会关心通信链路的实时状态，只是单纯公告自己的路由表。虽然它容易产生路由环路，且路由收敛时间较慢，但是由于距离矢量路由协议实施简单，在某种程度上仍然深受工程技术人员的喜爱。典型的距离矢量路由协议有：RIP。

链路状态路由协议使用 Dijkstra 的最短路径优先（SPF）算法，它能反映互联网络的拓扑结构，关心链路状态和链路类型以及链路成本，它具备快速收敛、事件驱动更新、层次性设计、确保无路由环路等特性，典型的距离矢量路由协议有：OSPF。

2. 理解动态路由协议 RIP

RIP（Routing Information Protocol）是应用较早、使用较普遍的内部网关协议（Interior Gateway Protocol，IGP），适用于小型网络，是典型的矢量距离（Distance-Vector）协议，一种单纯的向邻居路由器发送自己路由表中路由记录的动态路由协议，它不关心自身路由表中的路由的链路状态及其他情况。RIP 是一种矢量距离路由协议，换言之，RIP 的路由协议是有距离和方向限制的，RIP 串接的路由器最多不能超过 15 个。

3. RIP 的路由更新报文的结构

图 5.22 所示为 RIP 路由更新报文的结构，关于 RIP 更新报文每个字段的意义如下所述，对应的数据帧取证如图 5.23 所示。

1）IP 首部：指示发送 RIP 路由更新报文的源 IP 地址与目标 IP 地址，一般情况下，源 IP 地址为始发路由更新消息的路由器接口 IP 地址，通常是一个单播 IP 地址，如果是 RIP 版本 1，那么在 IP 首部中的目标 IP 地址是 255.255.255.255（广播地址）；如果是 RIP 版本 2，那么在 IP 首部中的目标 IP 地址是 224.0.0.9（组播 IP）。

2）UDP：指示 RIP 的路由更新消息被 UDP 报文所封装，目标端口与源端口都是

UDP 的 520 号端口。

3）Command：该字段指示 RIP 的消息类型，取值范围是 1 或者 2，如果是 RIP 的路由更新请求就是类型 1，如果是 RIP 的路由响应消息就是类型 2。

4）Version：该字段指示 RIP 的版本，有两个取值：一个版本是 1；一个版本是 2。

5）Address family（AFI）：一般情况下该字段被设置为 2，一个例外就是：如果是请求整个路由表而不是具体的某条路由记录，那么该字段被设置为 0。

6）IP address：该字段指示被执行 RIP 路由更新的具体 IP 子网。

7）Metric：该字段指示 RIP 的路由度量值，以经过路由器的个数作计算。

图 5.22　RIP 报文结构

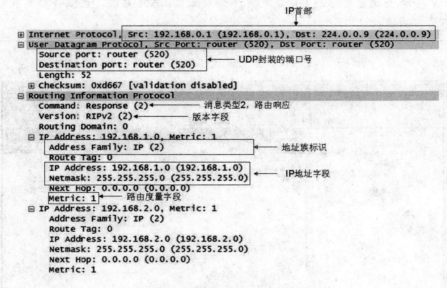

图 5.23　RIP 的报文的数据帧

实施目标：配置 Windows 2008 Server 服务器与思科路由器，启动 RIP 路由协议，客户端 A 能够与客户端 B 进行通信。

实施环境： 如图 5.24 所示。

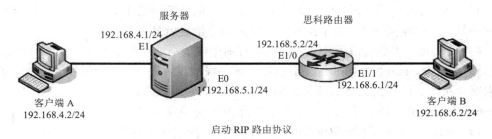

服务器

思科路由器

192.168.4.1/24
E1

192.168.5.2/24
E1/0

E0
192.168.5.1/24

E1/1
192.168.6.1/24

客户端 A
192.168.4.2/24

客户端 B
192.168.6.2/24

启动 RIP 路由协议

图 5.24 服务器与路由器实现 RIP 路由协议

实施步骤：

第一步：配置 Windows 2008 Server 服务器，打开"路由远程访问"对话框，如图 5.25 所示。右击"常规"，弹出快捷菜单，如图 5.26 所示。选择"新增路由协议(P)"命令，弹出所需要添加的路由协议对话框，选择"用于 Internet 协议的 RIP 版本 2"选项，如图 5.27 所示。添加完成后 RIP 路由协议添加到"IPv4"的选项中，如图 5.28 所示。

> **注意**
>
> 在服务器上配置动态路由协议之前，必须配置 LAN 路由，让服务器实现路由器的基本路由功能。

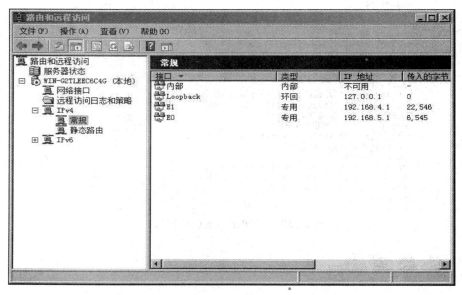

图 5.25 打开路由和远程访问

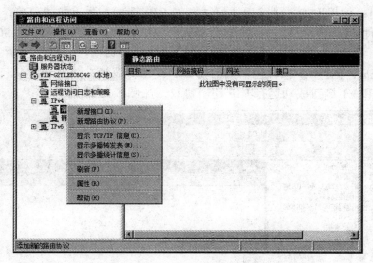

图 5.26　快捷菜单

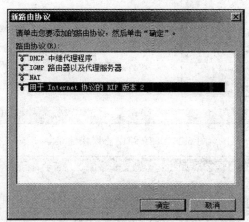

图 5.27　选择 RIP 路由协议

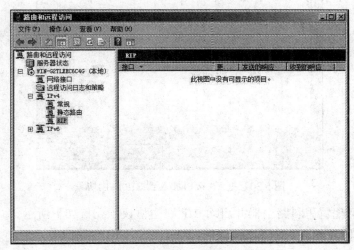

图 5.28　成功添加 RIP 路由协议

第二步：把接口加入到路由协议。右击 RIP 选项，弹出快捷菜单，如图 5.29 所示。选择"新增接口"命令，把 E0 接入加入到 RIP 路由协议中，如图 5.30 所示。单击"确定"按钮，弹出 E0 接口运行 RIP 路由协议的属性对话框，如图 5.31 所示。单击"确定"按钮后完成，同样 E1 接口也需要启动 RIP 路由协议，方法同 E0 接口。完成后可以看到 E0 接口和 E1 接口成功运行 RIP 路由协议，如图 5.32 所示。

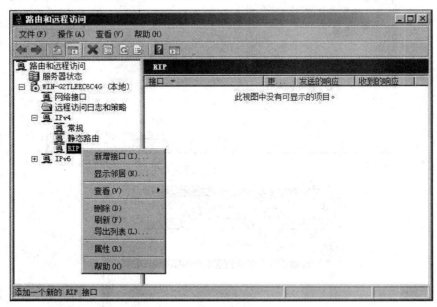

图 5.29　RIP 路由协议快捷菜单

图 5.30　把 E0 接口加入到 RIP 路由协议

第三步：配置思科路由器并启动 RIP 路由协议，配置如下所示。

Router(config)#interface ethernet 1/0　　　　　*进入 E1/0 接口

Router(config-if)#ip address 192.168.5.2 255.255.255.0

图 5.31　E0 接口运行 RIP 路由协议的属性

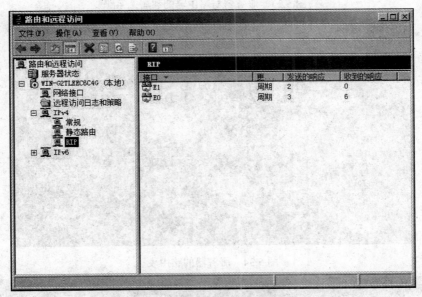

图 5.32　两个接口成功运行 RIP 路由协议

	*配置 IP 地址和子网掩码
Router(config-if)#no shutdown	*激活接口
Router(config)#interface ethernet 1/1	
Router(config-if)#ip address 192.168.6.1 255.255.255.0	
Router(config-if)#no shutdown	
Router(config)#router rip	*进入 RIP 路由配置模式
Router (config-router)#no auto-summary	*关闭自动汇总
Router (config-router)#version 2	*设置 RIP 版本 2

Router (config-router)#network 192.168.5.0　　　*公告路由子网

Router (config-router)#network 192.168.6.0

第四步：完成以上配置后，在 Windows 2008 Server 服务器上可以看到与思科路由器成功建立 RIP 邻居关系，右击 RIP 选择"显示邻居"命令，弹出对话框，如图 5.33 所示。在 Windows 2008 Server 服务器的 Cmd 模式下使用 route print 指令，看到路由表上成功学习到了思科路由器 192.168.6.0 网段，如图 5.34 所示。在路由器上通过 show ip route 指令看到路由表成功学习到了 Windows 2008 Server 服务器 192.168.4.0 网段，如图 5.35 所示。

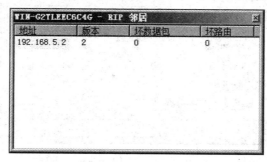

图 5.33　服务器与路由器的邻居关系

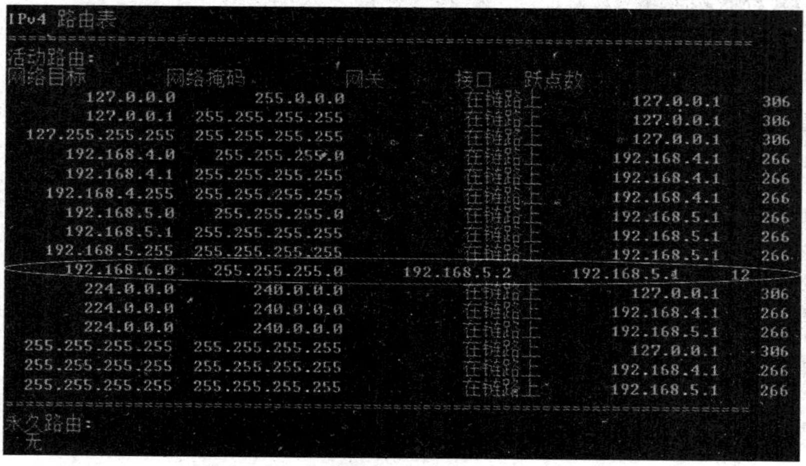

图 5.34　服务器的路由表

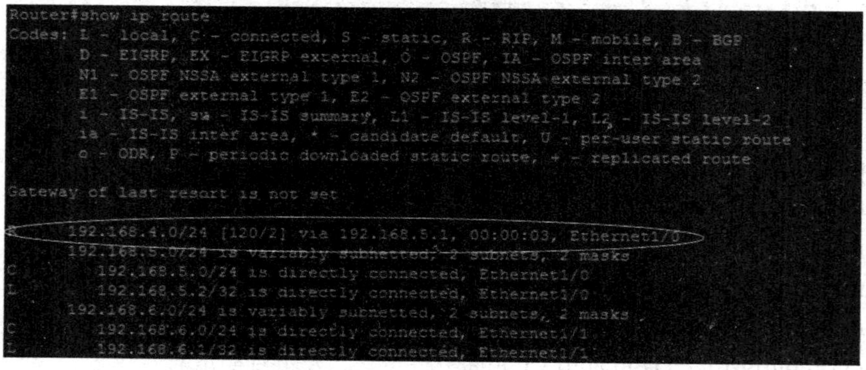

图 5.35　路由器的路由表

第五步：在客户端 A 和客户端 B 上分别填写 IP 地址和网关，如图 5.36 和图 5.37 所示。在客户端 A 上使用 ping 指令去与客户端 B 进行通信，可以看到通信成功，如图 5.38 所示。

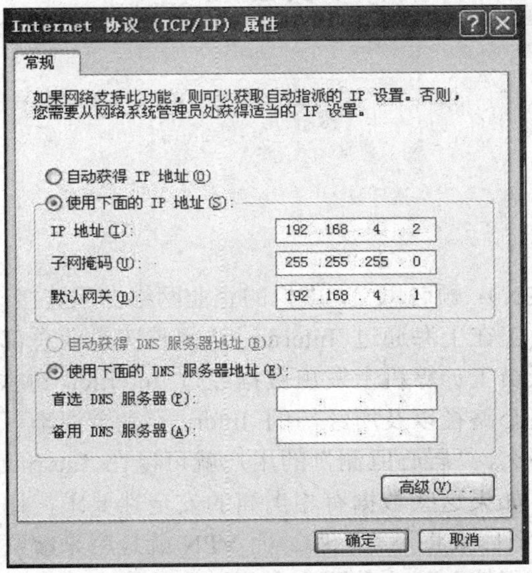

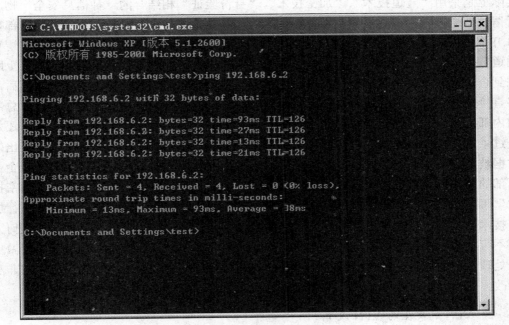

图 5.36 客户端 A 的 IP 地址和网关 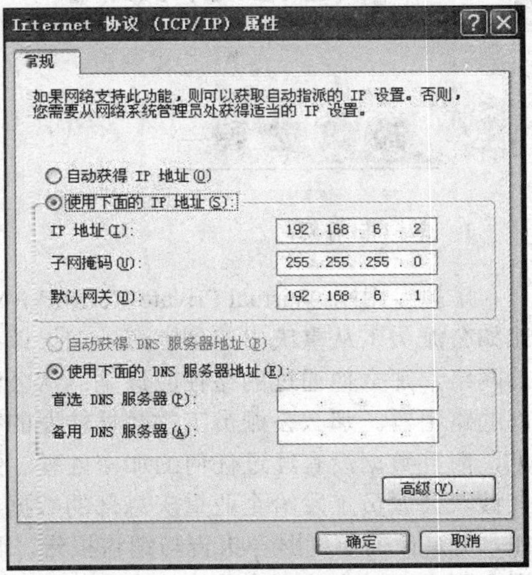　　　图 5.37 客户端 B 的 IP 地址和网关

图 5.38 两台客户端通信成功

5.4 远程访问拨号 PPTP VPN 的配置

1. 虚拟专用网

虚拟专用网（Virtual Private Network，VPN）：顾名思义，虚拟的企业网络专用连接。比如公派员工从重庆出差到上海，如果该员工在上海通过 Internet 访问重庆企业总部的网络，那么他通过的路径应该是：从公派员工计算机上发出数据经过 Internet 到总部的路由器。那么公派员工的数据转发的整个路径以及所经历的 Internet 完全清晰可见，而且数据没有经过任何的加密处理。那么，"居心叵测"的用户就可以在 Internet 上截获公派员工发给企业重庆总部的数据，如果这些数据有相当高的安全性要求，比如，是企业的年度财务报告与销售报告，泄密后果将不言而喻。而 VPN 就是用来解决用户到企业、企业到企业、分支到总部的远程接入的一种即安全又经济的技术。VPN 实际上是采用"隧道技术"、"加密技术"、"身份验证"相结合的一种信息安全产物。所谓"隧道技术"实际上就是当公派员工的计算机具备与企业总部边界网关的外部接口 IP 的连通性后，直接从公派员工的计算机上建立一条到企业总部边界网关的"逻辑通道"，就是所谓的"隧道技术"。当实施隧道技术后，如果从公派员工的计算机上跟踪到企业总部的数据转发路径，可看到数据报文从公派员工的计算机上发送数据后，将直接到达企业总部的边界网关上，再由企业总部的边界网关将数据转发到企业总部的内部网络。这样就无法看到经 Internet 的转发过程。但事实上公派员工的数据还是经过了 Internet，只是 Internet 对用户的数据的具体内容不可见，因为公派员工发出的数据被隧道技术所封装。这样做的优势：在感观上看上去公派员工的计算机是与企业总部的边界网关有一条直接连接的专用线路。这也是虚拟专用网的得名，而"加密技术"事实上是对隧道技术所执行的封装内容进行加密，以保证数据的安全，被执行加密技术的数据，只在加密或者解密者上可查看数据内容，在数据传递路径中，任何人都不可以查看被执行加密的数据内容，如果使用"身份验证"技术，则不对数据做加密处理，换而言之，数据内容将是可见的，只是为了防止数据在传递的过程中被非法篡改。

2. VPN 的类型与 VPN 设备

这时所指的 VPN 的类型从接入方式上大致分为两种：场对场的 VPN 接入与远程访问型的 VPN 接入。

（1）场对场（Site to Site VPN）

所谓场对场（Site to Site VPN），如图 5.39 所示，一般也叫做"网对网（一个网络对另一个网络)"的 VPN 连接，通常这种连接方式发生在两个远程机构的边界网关设备上，凡是穿越了两台边界网关设备的数据都会被 VPN 作加密处理，该连接方式大多用于两个较为固定的办公场所，而且两个场所之间需要持续性的 VPN 连接。

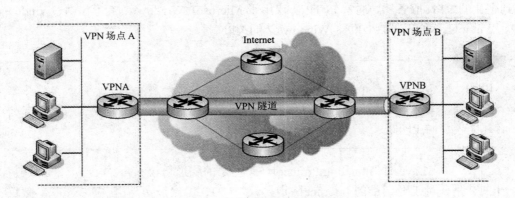

图 5.39 场对场的 VPN

（2）远程访问类型的 VPN 接入

所谓远程访问类型的 VPN 接入（Remote Access VPN），如图 5.40 所示，一般也叫做"点对网（一个通信点连接一个网络）"的 VPN 连接，通常这种连接方式发生在某个公派外地的个人用户通过远程拨号 VPN 的方式来连接企业总部，以获取安全访问企业内部资源的过程，该连接方式大多用于出差用户到固定办公场所的 VPN 连接，它的移动性和灵活性相较场对场的 VPN 而言更好。

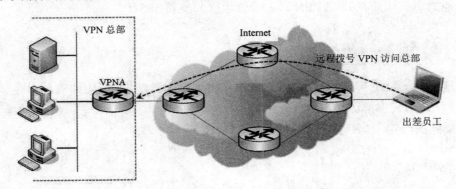

图 5.40 远程访问型 VPN

（3）VPN 的接入设备

VPN 连接设备，发生在 Windows 服务器、Linux 服务器、路由器、专用的 VPN 集中器、防火墙上，选择使用什么样的 VPN 接入设备取决于网络实际的情况。

3. 简述 VPN 协议 PPTP、L2TP、IPSec

（1）PPTP（Point to Point Tunneling Protocol，点到点的隧道协议）

该协议的最初倡导者是微软公司，后来有许多厂商联盟参与了开发，它是一种支持多协议虚拟专用网络的 VPN 协议，属于 OSI 二层协议，其原形是 PPP，该协议是在 PPP

协议的基础上开发的一种新的增强型安全协议，所以 PPTP 与 PPP 类似，它内嵌并集成了许多安全认证方式，可以通过密码身份验证协议（PAP）、可扩展身份验证协议（EAP）等方法增强安全性。可以使远程用户通过连接到 Internet 后，再通过 2 次拨号的方式连接到企业的 VPN 服务器，通常 PPTP 协议用于 Microsoft Windows NT 工作站、Windows XP、Windows 2000 /2003/2008、Windows 7 的 VPN 拨号。

> **注意**
>
> PPTP 始终都存在一个问题，就是该协议一直都处于一种半开放状态，虽然后来有部分厂商参与了标准制订，但是这些厂商通常都和微软比较紧密，换而言之，部分厂商还是不支持 PPTP。

（2）L2TP（Layer 2 Tunneling Protocol，第二层的隧道协议）

L2TP 是一种工业标准的 Internet 隧道协议，L2TP 协议最初是由 IETF 起草，微软、思科、3COM 等公司参与并制定的二层隧道协议，它集成了 PPTP 和 L2F 两种二层隧道协议的优点，L2F 是思科公司的当时 VPN 的私有解决方案。L2TP 将 PPP 通过公共网络进行隧道传输，提供数据机密性的保障。

（3）IPSec（IP Security，IP 安全协议）

它是定义在 IETF RFC 里各种标准的合并，它只支持 TCP/IP 协议，它被设计用来专门在公共网络 Internet 上保护敏感数据的安全，IPSec 能用来保障数据的机密性、完整性、数据验证。它是现今 VPN 应用中最为广泛的协议，因为它是一组开放标准，这使得其他的所有厂商在开发 VPN 时，最低限度将支持 IPSec。

实施目标：配置 Windows 2008 Server 服务器的 VPN 功能，让外出员工能够通过 PPTP VPN 拨入到内部访问内网服务器。

实施环境：如图 5.41 所示。

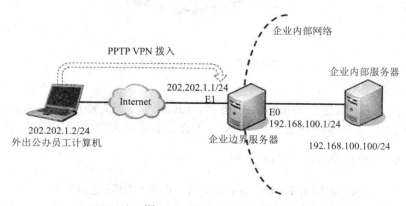

图 5.41　PPTP VPN 的环境

实施步骤：

第一步：在"开始"菜单中选择"管理工具"命令，选择"路由和远程访问"，出现"路由和远程访问"对话框，如图 5.42 所示。

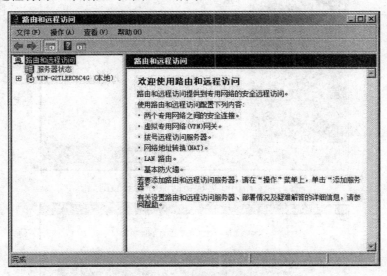

图 5.42　路由和远程访问

第二步：右击"服务器状态"下的"本地服务器"选项，出现快捷菜单，如图 5.43 所示。选择"配置并启动路由和远程访问"选项，弹出"路由和远程访问服务器安装向导"对话框，如图 5.44 所示，单击"下一步"按钮。

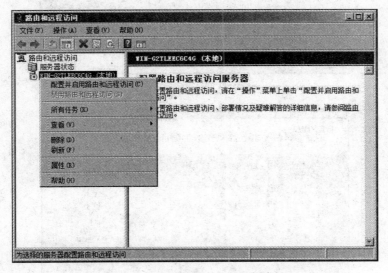

图 5.43　选择配置路由和远程访问

第三步：在配置服务器的功能中选择"自定义配置"单选按钮，如图 5.45 所示，单击"下一步"按钮。在自定义配置中选择"VPN 访问"复选框，如图 5.46 所示，单击"下一步"按钮。选择"完成"按钮后会显示出所选择的服务，如图 5.47 所示，之后系统会提示"启动服务"，如图 5.48 所示。

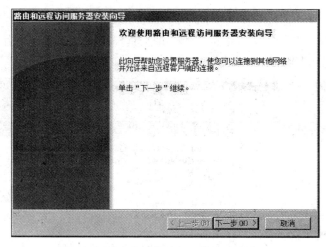

图 5.44　路由和远程访问服务器安装向导

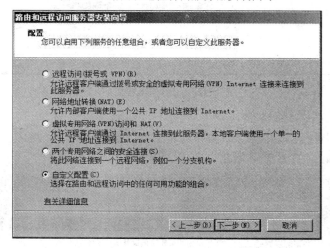

图 5.45　启动自定义配置

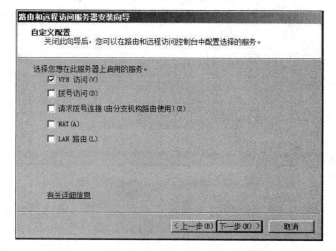

图 5.46　选择 VPN 访问

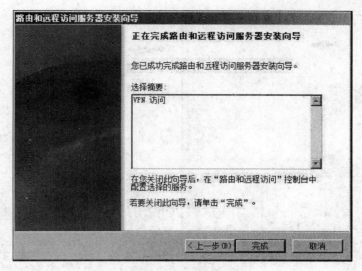

图 5.47 配置服务完成

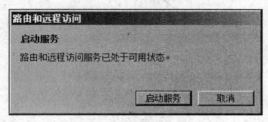

图 5.48 启动服务

第四步：右击服务器选项弹出快捷菜单，如图 5.49 所示。选择"属性"命令，弹出属性对话框，选择"IPv4"地址分配选项下面的"静态地址池"，如图 5.50 所示。单击"添加"按钮，弹出"新建 IPv4 地址范围"对话框，这个地址池的 IP 地址是分配给远程拨号段用户使用的，如图 5.51 所示。单击"确定"按钮后完成设置。

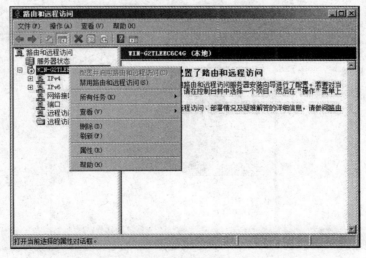

图 5.49 快捷菜单

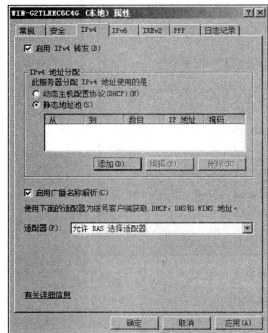

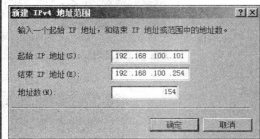

图 5.50　IPv4 属性设置　　　　　　　图 5.51　自动分配给拨号端的 IP 地址

第五步：建立拨号用户。打开服务器管理器，在配置选项的本地用户和组选项的用户下新建用户，如图 5.52 所示。在新建用户界面下创建一个名为 test 的用户，如图 5.53 所示。单击"创建"按钮完成。右击"用户"弹出快捷菜单，如图 5.54 所示。选择"属性"命令，弹出对话框在"拨入"选项卡下选择"允许访问"单选按钮，如图 5.55 所示。单击"确定"按钮后完成设置。至此，服务器的 PPTP VPN 配置已全部完成。

图 5.52　新建用户界面

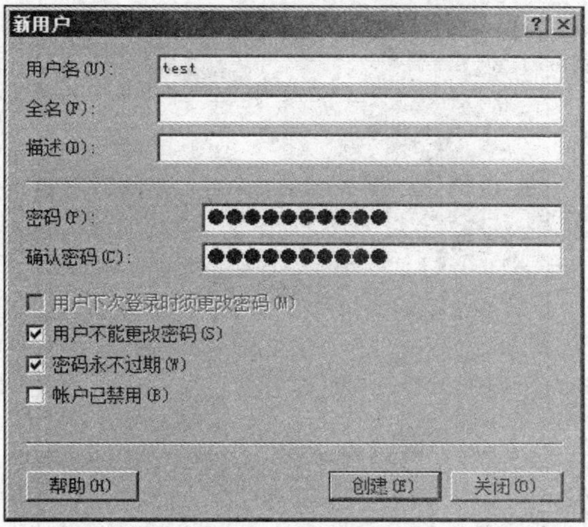

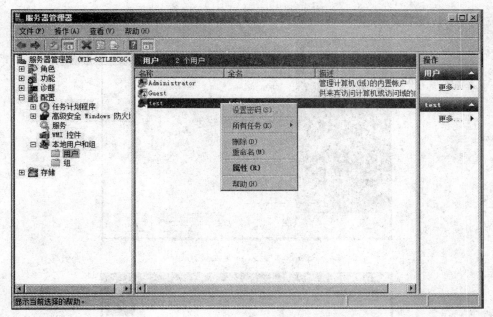

图 5.53　建立用户

图 5.54　快捷菜单

第六步：右击外出员工计算机桌面上的"网上邻居"图标，选择"属性"里面的"创建一个新的连接"，弹出"新建连接向导"页面，如图 5.56 所示。单击"下一步"按钮，选择"连接到我的工作场所的网络"单选按钮，如图 5.57 所示。单击"下一步"按钮，选择"虚拟专用网络连接"单选按钮，如图 5.58 所示，单击"下一步"按钮，输入需要拨入公司的名字，如图 5.59 所示。单击"下一步"单选按钮，输入路由器拨入网关的 IP 地址，这里的 IP 地址也是 VPN 服务器连接 Internet 的地址，如图 5.60 所示。单击"下一步"按钮，Internet 计算机通过 PPTP VPN 拨入内网的配置完成。在弹出的"连接"界面中输入在服务器创建的用户名和密码，如图 5.61 所示。

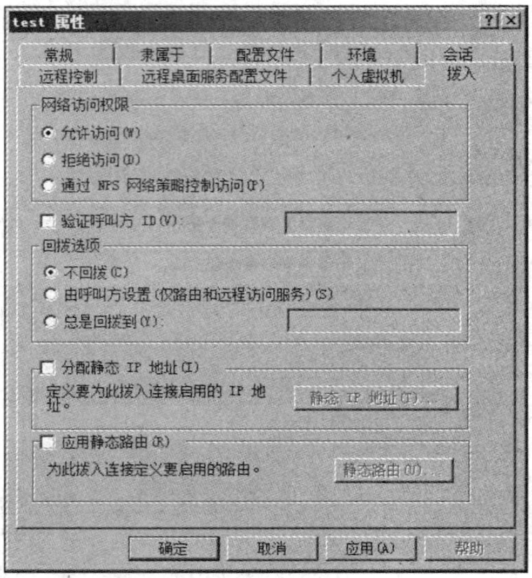

图 5.55　允许该用户拨入网络

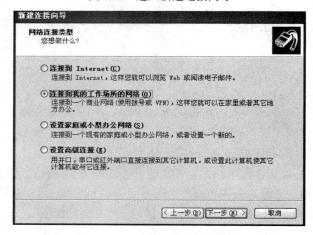

图 5.56　进入新建连接向导

图 5.57　连接到工作场所的网络

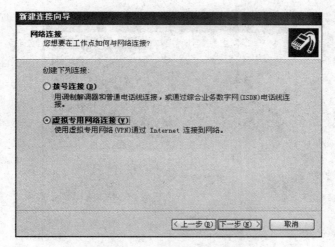

图 5.58 虚拟专用网络连接

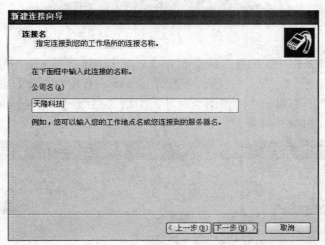

图 5.59 输入会话公司名称

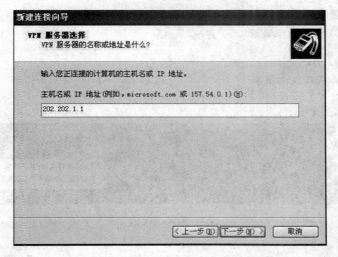

图 5.60 远程 VPN 服务器的地址

图 5.61　输入拨入的用户名和密码

第七步：当外出员工的拨号段配置完成后单击"连接"按钮，可以看到成功拨号的状态，如图 5.62 所示。在 Cmd 模式下通过 ipconfig/all 指令查看到虚拟专用网络连接的网卡上成功获取服务器地址池里面的地址，如图 5.63 所示。通过 ping 指令成功访问企业内部服务器，如图 5.64 所示。

图 5.62　输入成功的状态

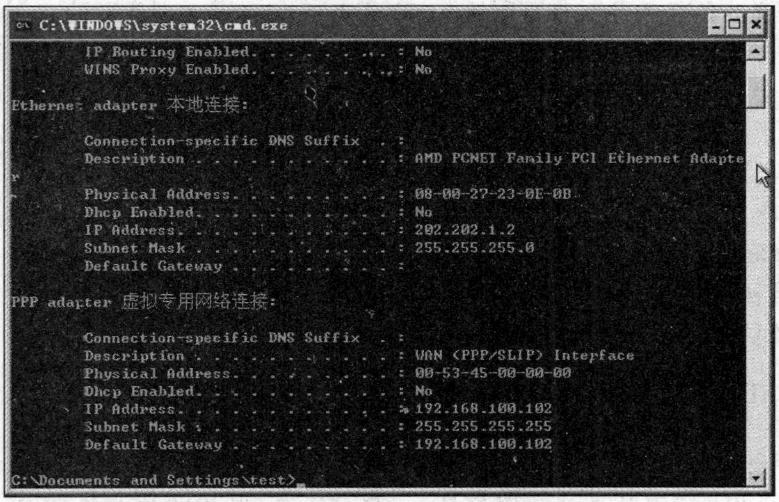

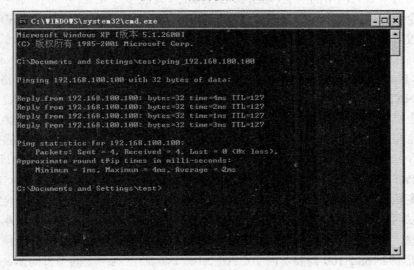

图 5.63　成功获得 IP 地址

图 5.64　成功访问企业内部服务器

5.5　NAT 服务器的配置

　　现在全世界的 IPv4 地址已经被宣布彻底耗尽，所以为全世界的计算机都分配一个被公共网络认可的 IP 地址将是不可能的！所以 RFC1918 定义了一个属于私有地址的空间供给企业或者家庭内部网络使用，目标在于缓解 IPv4 地址资源紧张的问题。被

RFC1918 定义的私有 IP 地址如下所示，它对于 Internet 而言，是无效的 IP 地址，此时就提出了一些关于网络访问的问题，比如，既然 RFC1918 所定义的 IP 地址是私有专用 IP，公共网络不会认可这些 IP 地址，那么，使用私有专用 IP 的计算机如何访问 Internet？企业内部使用了私有专有地址来架设服务器，如果这些服务器需要被公共网络（Internet）上的主机访问怎么办？

RFC1918 所定义的私用网络专用 IP 地址的范围：

1）A 类私有 IP 地址：10.0.0.0－10.255.255.255。

2）B 类私有 IP 地址：172.16.0.0－172.31.255.255。

3）C 类私有 IP 地址：192.168.0.0－192.168.255.255。

理解 NAT 的定义

NAT 是 Network Address Translation，网络地址转换的缩写，它的主要功能是将 IP 报头中的一个私有网络 IP 地址转换为另一个被公共网络认可的 IP 地址。它能够成功地解决私有网络访问公共网络的功能，通常在这种情况下是将多个企业内部的私有网络专用地址转换为企业出口网关的一个公共 IP 地址来访问 Internet，这种通过使用少量的公有 IP 地址代表较多的私有网络专用 IP 地址的方式，有助于缓解可用的 IP 地址空间的枯竭，同时可以提高企业内部的安全性，因为内部私有专用地址对外是透明的。

PAT（Port Address Translation，端口地址转换）是属于 NAT 的一种，严格地讲，它属于动态 NAT 的一种类型，它产生的目标是在大量使用私有网络专用地址的企业网络中代理这些主机访问公共网络，比如，访问 Internet。它的最大优势就是将企业网络内部使用的全部私有网络专用地址转换成一个公共 IP 地址，通常是 NAT 服务器外部接口的 IP 地址，然后代理它们去访问 Internet，这样可以最大程度节省访问 Internet 的地址成本，因为在使用 PAT 时整个企业访问公共网络只需要一个公共 IP 地址。但是现在最大的问题是：当发生众多私有网络主机同时访问 Internet 时，NAT 路由器如何去识别不同的会话？

现在以两台使用私有网络专用 IP 的主机使用 PAT 访问 Internet 的情况为例，理解 PAT 的工作原理，以及如何去识别同一时刻众多主机产生的不同会话。如图 5.65 所示，当私有网络主机 192.168.2.100 需要访问 202.202.2.100 这台公共网络上的主机的 Web 服务时，首先在 192.168.2.100 这台主机上会产生一个源 IP 地址是 192.168.2.100，源端口是 1051（通常随机生成），目标 IP 是 202.202.2.100，目标端口是 80 的 IP 报文。当该报文送达 NAT 路由器后，NAT 路由器将把原始报文中的源 IP 地址转换成自己的 NAT 外部接口上的 IP 地址 202.202.1.1（当然，也可以自己定义另一个可供使用的公共 IP 地址），同时将原始报文中的源端口 1051 转换成另一个源端口 1053，并且 NAT 路由器会记录这样一个转换的过程，方便会话返回时，可以在众多的会话中识别出，哪一个具体的会话属于某台具体的私有网络主机，因为在私有网络专用主机 192.168.2.100 发起对公共网络访问的同时，可能还有其他的私有网络专用主机 192.168.2.200 同时发起对公共网络的会话，而 PAT 的翻译过程，会将 192.168.2.100 和 192.168.2.200 的私有主机 IP 都翻译成 202.202.1.1。那么，当会话从公共网络上返回时，NAT 路由器怎么知道，哪个会话是 192.168.2.100 的，哪个会话又是 192.168.2.200 的？当翻译了端口后，就使用了不同的 TCP 套接字，如图 5.65 所示，202.202.1.1+1053 就是 192.168.2.100 的会话，该会话会被返回给私有主机 A；

202.202.1.1+1054 就是 192.168.2.200 的会话，该会话会被返回给私有主机 B。

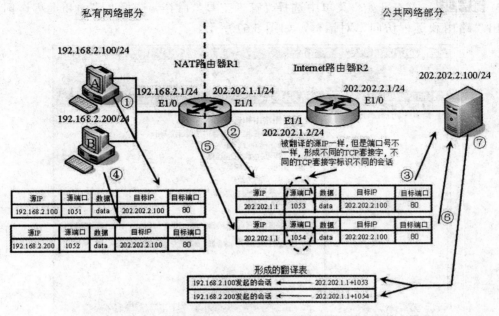

图 5.65　PAT 的工作原理

在使用 PAT 的过程中，目标 IP 地址和目标端口号码在通信的过程中将一直保持不变，将永远不被翻译，PAT 翻译的始终是源 IP 地址和源端口号！

实施目标： 配置 Windows 2008 Server 服务器的 NAT 功能，使其能够代理企业内部主机访问互联网服务器。

实施环境： 如图 5.66 所示。

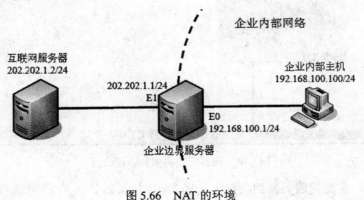

图 5.66　NAT 的环境

实施步骤：

第一步：在"开始"菜单中选择"管理工具"命令，选择"路由和远程访问"，弹出"路由和远程访问"对话框，如图 5.67 所示。

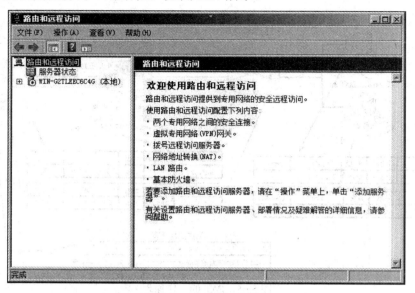

图 5.67　路由和远程访问

第二步：右击"服务器状态"下的"本地服务器"选项，弹出快捷菜单，如图 5.68 所示。选择"配置并启动路由和远程访问"选项，弹出"路由和远程访问服务器安装向导"页面，如图 5.69 所示，单击"下一步"按钮。

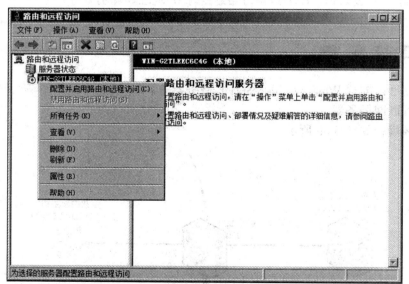

图 5.68　选择配置路由和远程访问

第三步：在配置服务器的功能中选择"网络地址转换(NAT)"单选按钮，如图 5.70 所示，单击"下一步"按钮。选择 NAT 的外部接口 E1，如图 5.71 所示，单击"下一步"

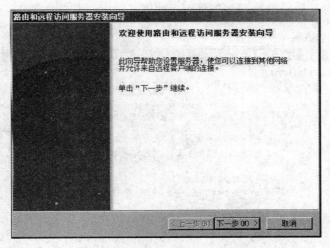

图 5.69　路由和远程访问服务器安装向导

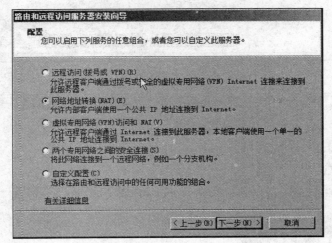

图 5.70　启动 NAT

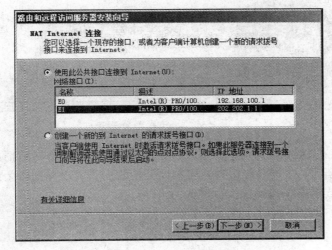

图 5.71　NAT 的外部接口

按钮。弹出"名称和地址转换服务"页面，如图 5.72 所示，单击"下一步"按钮，配置完成，如图 5.73 所示。

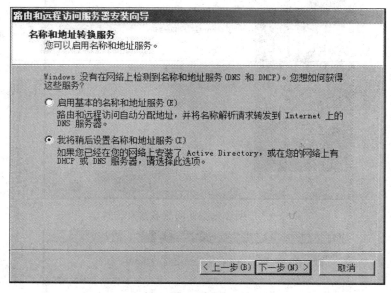

图 5.72　名称和地址转换服务

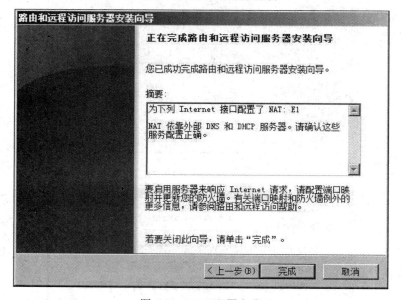

图 5.73　NAT 配置完成

第四步：　在企业内部主机上通过 ping 指令与互联网服务器通信，可以看到通信成功，如图 5.74 所示。在互联网服务器用协议分析器捕获可以看到由企业边界服务器代理内部主机与互联网服务器通信，如图 5.75 所示。

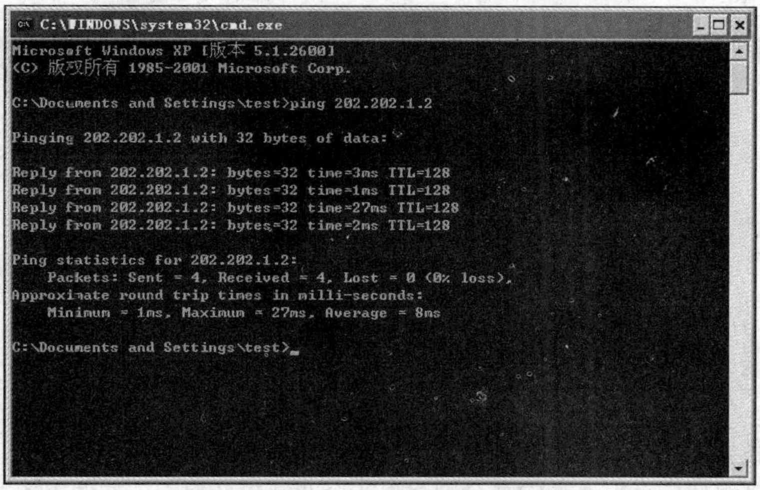

图 5.74 企业内部主机成功与互联网服务器通信

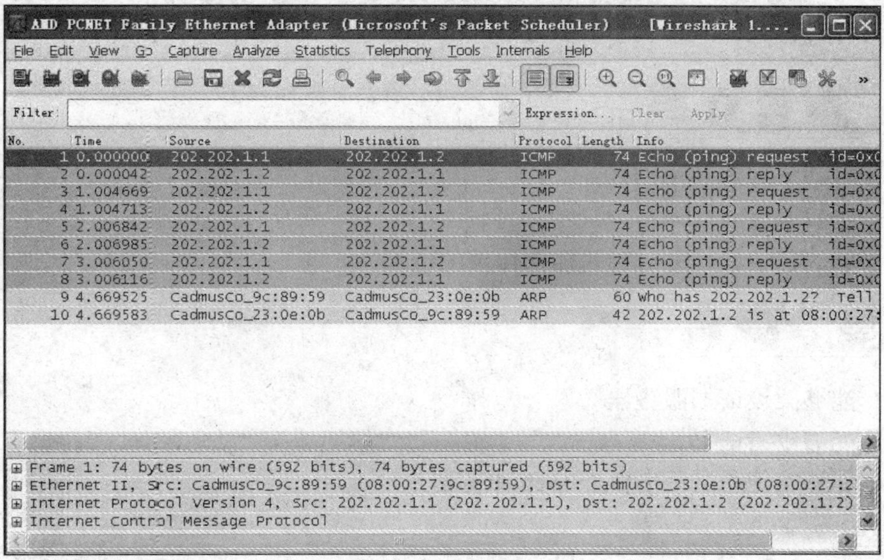

图 5.75 捕获的数据包

5.6 项目总结

本项目针对路由、远程访问的相关知识进行学习，主要包括路由技术、VPN 技术、NAT 技术等相关的内容。通过对本项目的学习，天隆科技公司网络管理员可以为公司的资源服务器开动路由，让公司外出的工作人员通过合法的身份验证后链接到内网访问服务器上的资源。

项目六

证书服务器

6.1 项目情景引入

天隆科技公司作为一家大型企业为了适应当前信息化的建设趋势需要，成立了多个部门，并为之组建了互联互通的办公网络，在企业网内部架设了文件服务器、DHCP服务器、DNS 服务器、Web 服务器等实现资源共享。企业网络管理员为了对员工在访问网络时进行身份认证，架设证书服务器，给员工提供证书服务。

- 理解 PKI 公钥的架构
- 理解 PKI 架构中证书的申请过程
- 理解证书参与非对称式加密体系的过程

- 能够架设证书服务器
- 能够申请证书
- 能够实施通过证书保护 Web 服务器

6.2 证书服务器的架设与申请

1. 理解公钥基础架构 PKI、证书

PKI（Public Key Infrastructure）公钥基础设施并不是一种算法，也不是一个协议，它是一个基于程序、数据格式、规程、通信协议、安全策略等多种运行组成的一个基础架构，事实上，所谓的架构实际上是基于某种应用目标所建立的框架。那么，PKI 的应用目标是什么？PKI 在一个环境中为分散的人群，原本相互不信任的对等体之间建立一个信任级别，如图 6.1 所示，用户 A 和用户 B 原本并不相互信任，但是由于存在用户 A 和 B 都共同信任的第三方信任机构 CA，从而建立 A 和 B 之间的相互信任。PKI 架构是经过国际标准组织认证的，它使用非对称式密钥和 X.509 标准协议。

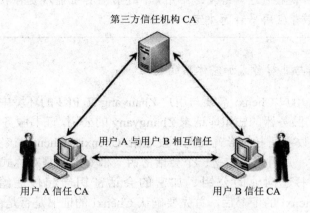

图 6.1 关于第三方信任机构

PKI 提供认证、机密性、防抵赖性以及消息交换的完整性，是对称算法和非对称算法混用的加密系统。关于为什么使用混合加密方式，可以回忆项目一中相关描述。PKI 架构的功能包括：验证用户、建立和颁发证书、维护和吊销证书等。每一个想加入 PKI 架构希望完成第三方信任的用户都需要一张数字证书，该证书由可信的 CA 服务器颁发，证书上包含了申请人的公钥及相关的认证信息，当 CA 服务器颁发某张证书时，它将申请人的身份与公钥捆绑在一起，并且 CA 将负责验证这个公钥的真实性。所以在 Diffie-Hellman 算法中无法在交换公钥前进行身份鉴别的安全隐患，在 PKI 的架构中得到了解决。

2. 关于 PKI 架构中证书的申请过程

如图 6.2 所示，用户 Chenxi 向证书认证的授权方（CA 服务器）发出证书申请消息，证书服务器向用户 Chenxi 索取身份信息，比如：电子邮箱、地址、电话号码及其他信息，Chenxi 向证书服务器发送上述身份信息，当证书服务器验证了 Chenxi 的身份信息后，就创建一张证书并在该证书中嵌入用户 Chenxi 的公钥和身份信息，并将该证书颁发给用户 Chenxi。

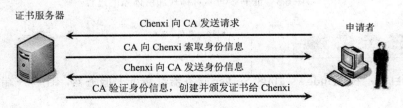

图 6.2 申请证书的过程

> **注意**
>
> 　　在证书中只有用户的公钥和身份信息，就证书本身而言是绝不会存放私钥的，通常私钥可能由 CA 产生，并通过安全的方式发送给用户，但这种安全的方式永远不会是将私钥嵌入到证书上通过网络发送给用户；还有一种可能就是存在于用户的计算机上，具体是哪种要看应用平台而决定。

3. 使用证书参与非对称式加密体系的过程

　　如图 6.3 所示，用户 Chenxi 需要与用户 Zhanyang 在 PKI 的环境中进行机密性会话，首先 Chenxi 向证书服务器的知识库请求 Zhangyany 的公钥，证书服务器会将 Zhangyang 的公钥（实际上以数字证书的形式表现）发送给 Chenxi；Chenxi 核实数字证书并提取 Zhangyang 的公钥，并用此来加密一个会话密钥（事实上就是对称式密钥），然后再把 Chenxi 自己的证书连同他的公钥、加密的会话密钥一起传递给 Zhangyang；当 Zhangyang 收到 Chenxi 的证书后，首先要确认 Chenxi 的证书是否是由他信任的 CA 所颁发，并要求 CA 检查该证书是有效的，如果 CA 检查认可，就使用他的私钥来解密会话密钥（事实上就是对称式密钥）。

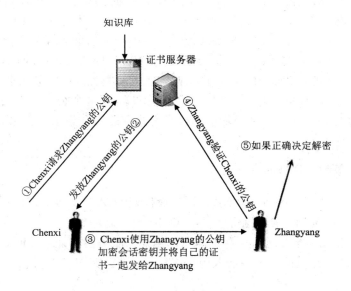

图 6.3　证书参与非对称式加密体系的过程

　　实施目标：在 Windows 2008 Server 服务器部署证书服务器，让客户端能成功申请证书。

　　实施环境：如图 6.4 所示。

独立的证书服务器

192.168.201.1/24

192.168.201.2/24

使用 Web 页面申请证书

图 6.4 证书服务器部署的环境

实施步骤:

第一步:在"开始"菜单中选择"管理工具"命令,在弹出的"服务器管理器"对话框中单击"添加角色"按钮,如图 6.5 所示。

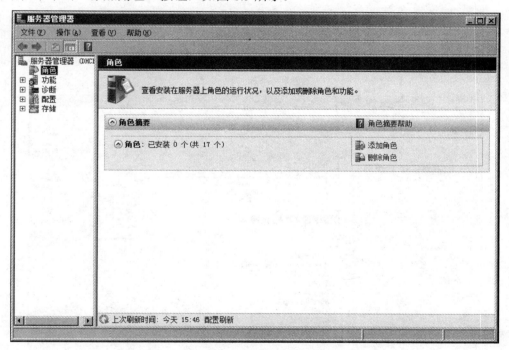

图 6.5 在【服务器管理器】中添加角色

第二步:出现"添加角色向导"对话框,显示"开始之前"页面。如图 6.6 所示,单击"下一步"按钮。

第三步:在"选择服务器角色"页面中选择安装"Active Directory 服务"选项,如图 6.7 所示,单击"下一步"按钮。

第四步:出现"Active Directory 证书服务简介"页面,如图 6.8 所示,单击"下一步"按钮。

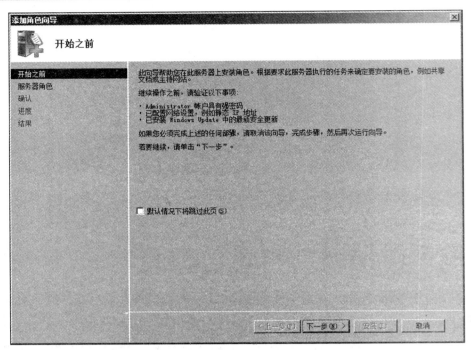

图 6.6　添加角色向导

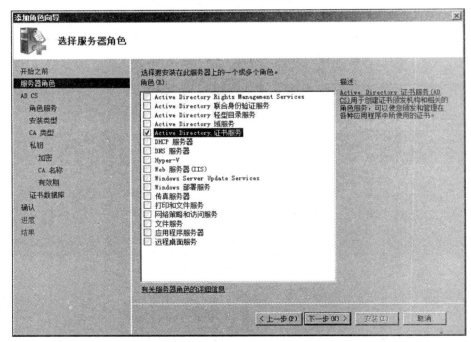

图 6.7　选择服务器角色

第五步：选择 Active Directory 证书服务安装的角色服务组件，如图 6.9 所示，单击"下一步"按钮。在"安装证书颁发机构 Web 注册"时提示所需要安装的 IIS 服务项，如图 6.10 所示。

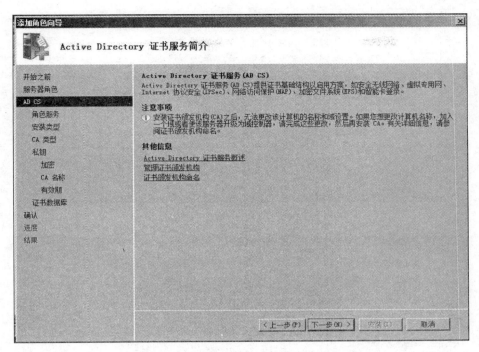

图 6.8 Active Directory 证书服务简介

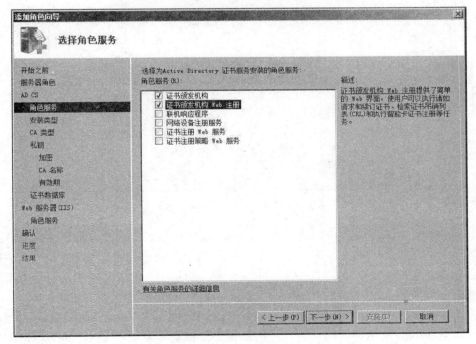

图 6.9 角色组件

第六步：根据部署证书服务器的类型，选择独立 CA，如图 6.11 所示。在此环境中必须选择独立 CA，完成后单击"下一步"按钮。在弹出的对话框中的制订 CA 类型选择"根 CA"单选按钮，如图 6.12 所示。

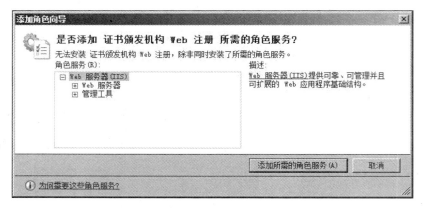

图 6.10　添加 IIS 组件

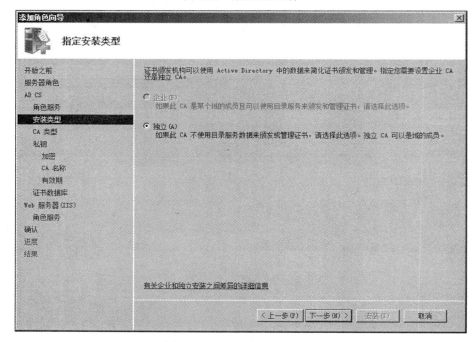

图 6.11　选择安装 CA 的类型

1）企业根 CA：企业 CA 只在活动目录的环境中生效，如果没有部署活动目录，那么该项选无效成灰色不可选状态，所谓根 CA 就是企业最上层的 CA，关于这点请参看理解公钥基础架构 PKI、证书中 PKI 层次设计部分的描述。部署企业中第一台 CA 服务器应该选择该项目。

2）企业子级 CA：企业 CA 只在活动目录的环境中生效，如果没有部署活动目录，那么该项选无效成灰色不可选状态，所谓从属 CA 就是企业二级 CA，关于这点请参看理解公钥基础架构 PKI、证书中 PKI 层次设计部分的描述。当企业中已经存在某台根 CA，现在想把该服务器部署成根 CA 的从属 CA 时选择该选项。

3）独立根 CA：独立 CA 可以不依赖于活动目录存在，在任何时候该选项都有效，所谓独立的根 CA 就是最上层的 CA，这一点与企业根 CA 层次意义相同。

4）独立子级 CA：独立 CA 可以不依赖于活动目录存在，在任何时候该选项都有效，所谓独立从属 CA 就是二级 CA，这一点与企业的从属 CA 层次意义相同。

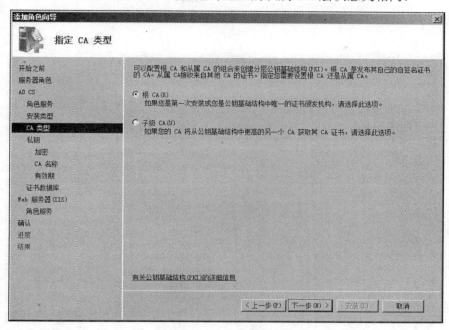

图 6.12　指定 CA 的类型

第七步：设置私钥，选择新建私钥，如图 6.13 所示。单击"下一步"按钮，弹出为"CA 配置加密"页面，默认密钥的字符长度为 2048，哈希算法是 SHA1，如图 6.14

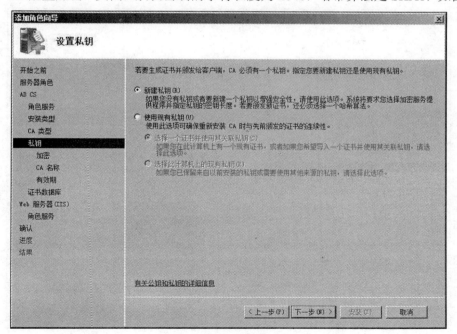

图 6.13　新建私钥

所示。单击"下一步"按钮后弹出"CA 名称"页面，默认名称是由计算机名加上-CA 组成，如图 6.15 所示。单击"下一步"按钮后弹出"证书的有效期"页面，默认为 5 年，如图 6.16 所示。单击"下一步"按钮后弹出证书数据库和证书数据库日志存放的路径，如图 6.17 所示。

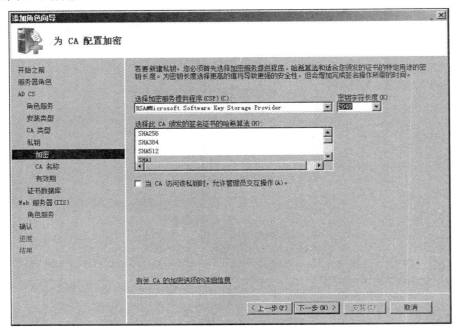

图 6.14　默认加密配置

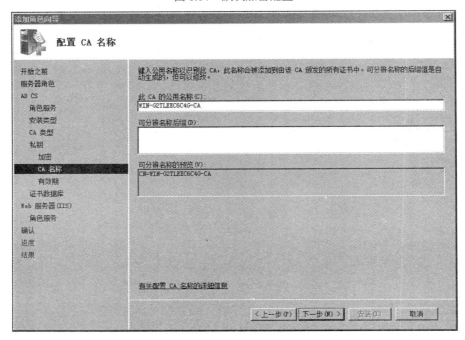

图 6.15　CA 服务器名称

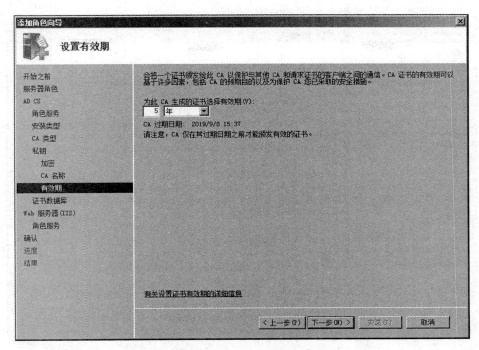

图 6.16　CA 证书的有效期

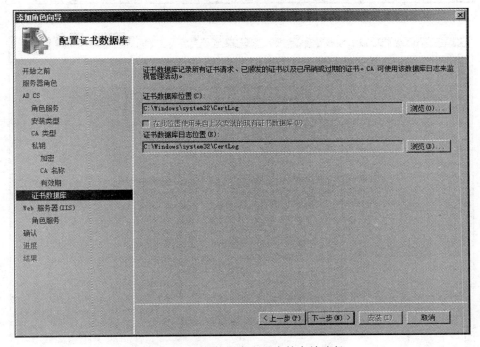

图 6.17　证书数据库和日志的存放路径

第八步：单击"下一步"按钮后弹出 Web 服务器（IIS）简介页面，如图 6.18 所示，单击"下一步"按钮后出现 Web 服务器（IIS）所需要安装的角色服务，如图 6.19 所示。单击"下一步"按钮后提示证书和 IIS 安装的信息，如图 6.20 所示。单击"安装"

按钮，完成后弹出安装结果，如图 6.21 所示。

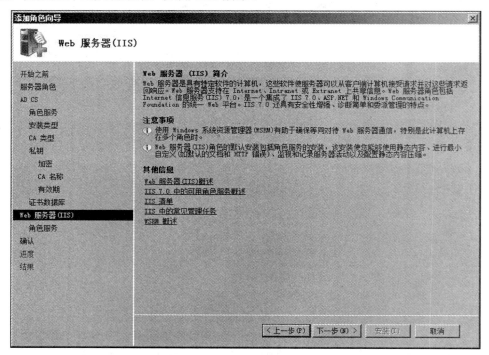

图 6.18　IIS 简介

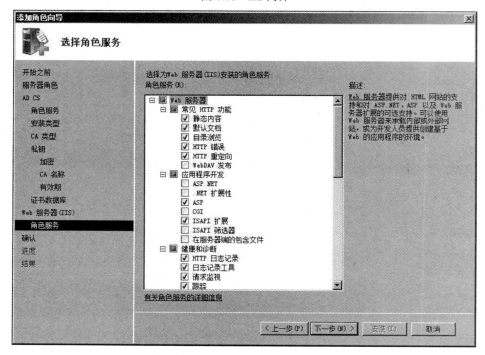

图 6.19　IIS 安装分角色服务

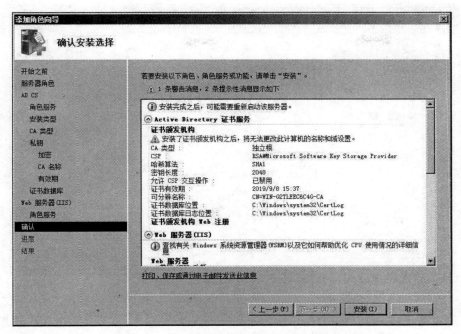

图 6.20 证书服务和 IIS 服务器的安装信息

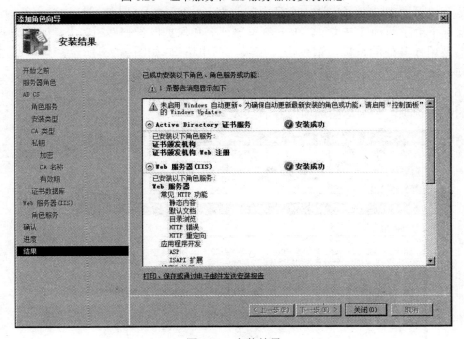

图 6.21 安装结果

第九步：完成证书服务器的部署后，打开 IIS 可以看到，系统为了能够给客户端提供 Web 页面申请，在证书服务器的 IIS 组件中加载了证书的 Web 页面，如图 6.22 所示，如果在默认网站容器内没有图 6.22 所示的 2 个文件，客户端将无法正常使用 Web 页面进行证书申请。

图 6.22　系统自动在 IIS 默认网站加载证书页面

第十步：此时，在客户端的浏览器中输入 http://192.168.201.1/certsrv 来访问证书服务器的 Web 注册页面，如图 6.23 所示。请选择申请一个证书，出现如图 6.24 所示的页面，在该页面中，选择申请一个证书的类型（事实上，就是使用这张证书的目的）。默认情况下给了两种证书类型，Web 浏览器证书和保护电子邮件的证书，如果需要申请的证书是用作其他的目标，请单击"高级证书申请"，如图 6.25 所示。之后单击"创建并向此 CA 提交一个申请"，弹出申请人的识别信息页面，如图 6.26 所示。之后在如图 6.27 所示证书类型的下拉菜单选择客户端身份验证的证书，然后出现如图 6.28 所示的高级选项，关于这些选项内容的具体意义如下所述。

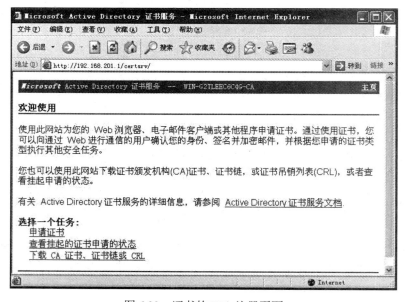

图 6.23　证书的 Web 注册页面

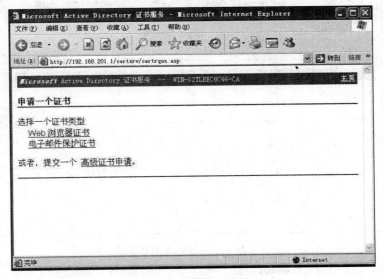

图 6.24　申请一个证书

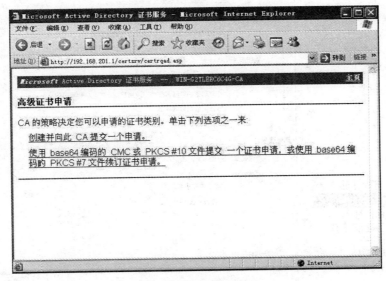

图 6.25　高级申请选项

1）创建新密钥集或者使用现存的密钥集：创建新的密钥集是为证书创建新的使用公钥/私钥对加密过程中的公钥副本,但注意证书上是绝对不会存在私钥的,道理很简单,如果证书上存在私钥,它们就没有任何私密性可言,因为任何检索证书的人都可以得到它。使用现存的密钥集指示可以将现存储在计算机中用于公钥/私钥对加密过程中的公钥副本应用于证书,该选项一般保持默认选择。

2）CSP：加密服务提供程序（CSP）是 Windows 操作系统中提供一般加密功能的硬件和软件组件。可以编写这些 CSP 以提供各种加密和签名算法。为配置由某个证书模板使用的每个 CSP 都可以潜在支持不同的加密算法,因此,可以支持不同的密钥长度,这意味着,必须将证书模板配置为支持一个或多个 CSP。

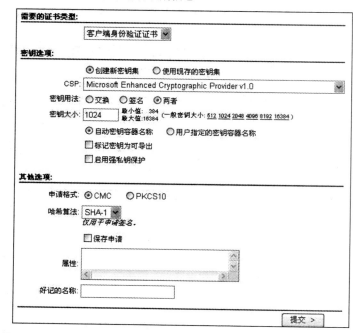

图 6.26 证书申请者识别信息

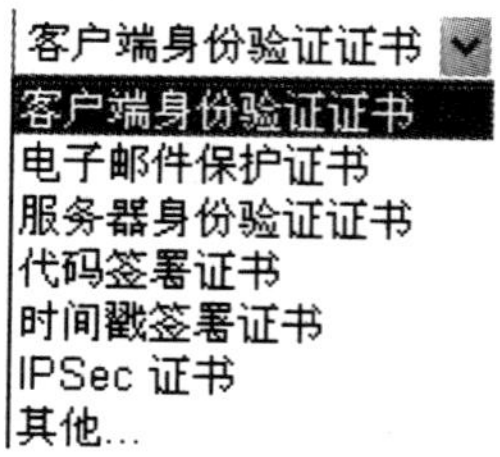

图 6.27 申请哪种功能的证书　　　图 6.28 申请者填写证书的高级选项

3）密钥用法：它有三个选择分别是交换、签署和两者。交换是指交换公钥用于加密，签署是指使用私钥完成数字签名，两者表示既加密又签署。

4）密钥大小：选择密钥的长度，在理论上讲密钥的长度越长其安全性就越高，但是生成密钥和加密所用的时间也就越长，该选项应该根据实际的应用需求来选择。

5）自动密钥容器名称：指示使用 Windows 系统自动生成的密钥容器。

6）用户指定的密钥容器名称：用户指定密钥容器。

7）标记密钥为可导出：指示将证书和私钥存储在同一文件中（pfx），方便私钥归档，只有配置了该选项，用户才可能在本地计算机上导出私钥，当然建议不这么做，但是，如果用户更换了计算机，那么这将是一个非常好的做法。换而言之，就是可以将私钥导入到新的计算机中，从而在改变外部环境后，不影响密钥的使用。

8）启用强私钥保护：要求提供一个保护私钥的密码，当用户每次使用私钥时，将提示输入密码，这样可以提高私钥的安全性。

9）将证书保存在本地计算机存储：该选项指示申请的是一张计算机证书，它将私钥与计算机关联，换而言之，有多个用户都会使用这把私钥，比如 Web 服务器证书。

10）申请格式：CMC 和 PKCS10，它们都是用于完成证书申请的消息格式，它们是有区别的。PKCS10 是提交证书注册申请消息时最流行的一种格式。被 RFC2886 所定义，由于 RSA 安全实验室一直拥有对 PKCS 技术的知识产权，这就导致 IETF 下属机构 PKIX 工作组只能独立展开一个名为证书管理协议的 CMP 的 PKI 标准，CMP 的标准被 RFC2510 和 2511 定义，它弥补了 RSA 密钥交换的一些弱点，专家认为 CMP 是对 RSA 的一种改良，因为它使用了更好的 PKI 协议，但是 CMP 又使用了 RFC2530 所定义的加密消息语法 CMS，最后 CMP 和 CMS 的开发者决定开发一种新协议名为基于 CMS 上的证书管理消息（Certificate Management Messages over CMS，CMC），它完全综合了 RSA 和 CMP 的优势。

11）哈希算法：指示使用哈希算法的标准，建议使用 MD5 和 sha-1，关于这一点请回忆项目一中的描述。

12）保存申请到一个文件：如果证书颁发机构不能联机处理证书申请，该选项将非常有用，可以将申请保存为一个 PKCS#10 格式文件。

完成上述高级选项的配置后，提交证书申请，完成在证书申请的配置，注意在独立环境中，客户端申请证书不会立即得到证书管理员的颁发，需要等待证书管理员的审查和回应，此时，申请页面会出现如图 6.29 所示的信息，提示证书申请管理员已经收到，需要等待管理员的回应。

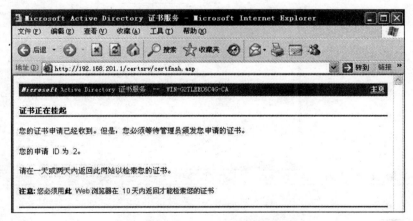

图 6.29　提示您证书申请已经被挂起

第十一步：此时可以来到证书服务器上，在证书服务器的"开始"菜单中选择"管理工具"命令，打开"证书颁发机构"选项，如图 6.30 所示。打开证书颁发机构组件中的"挂起的申请"选项，可以看到刚才客户端申请的证书，此时管理员需要认真地审查申请的相关识别，然后决定是否为用户颁发，在该演示环境中假设审查通过，选中被挂起的证书申请，在弹出的快捷菜单中单击"颁发"命令，为用户颁发证书，具体操作如图 6.31 所示。

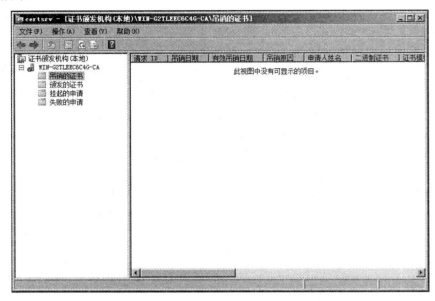

图 6.30　证书颁发机构

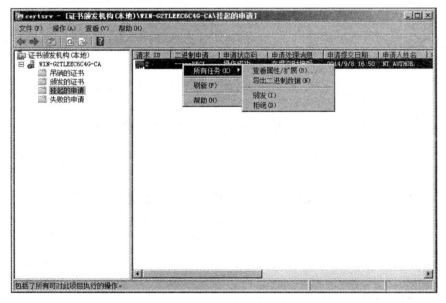

图 6.31　为用户颁发证书

第十二步：此时客户端用户再次打开证书的申请页面，单击"查看挂起的证书申请的状态"，如图 6.32 所示，可以看到管理员已经为用户颁发了一张用于客户端身份验证的证书。然后单击它，出现如图 6.33 所示的安装此证书的提示，当单击安装后，会出现如图 6.34 所示的提示询问是否信任该证书，如果信任它就请单击"是"按钮，在这旦我们选择"是"按钮，会出现如图 6.35 所示的对话框，提示现在证书颁发机将把它自己

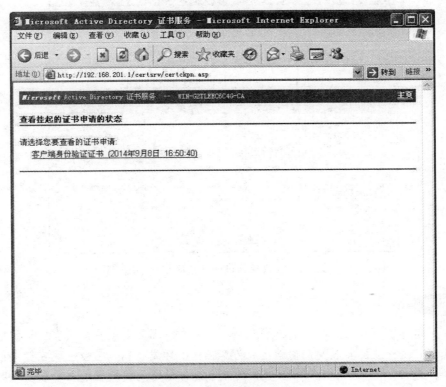

图 6.32 出现颁发的证书

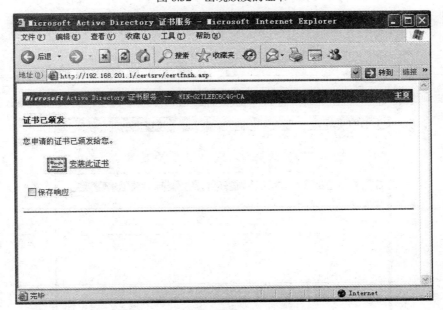

图 6.33 安装该证书

的根证书发放给您，并提供了根证书的 shal 指纹给您，以便确认该证书颁发机构的可信任性，询问是否安装证书颁发机构的根证书，在这里单击"是"按钮。

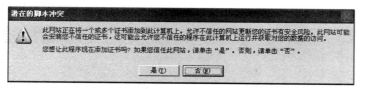

图 6.34　寻问用户是否继续安装该证书

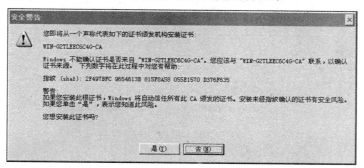

图 6.35　建议您确认该证书颁发机构的信任性

> **注意**
>
> 　　如果您确认证书颁发机构是您信任的颁发机构，那么必须将该颁发机构的根证书进行安装，这样该证书颁发机构就会成为您信任的颁发机构，它会出现在您受信任的证书颁发机构中，这一点非常重要，因为这可以保证您先前所申请用于客户端身份验证的用户证书是来源于可信任的颁发机构所颁发的证书；另外，当你使用别人的公钥来加密数据时，你可以确认用于加密的公钥是不是你所信任的证书颁发机构所认可，来达到对公钥拥有者身份的确认，这也就是所谓第三方信任的关键体现，因为您充分信任证书颁发机构，那么由它认同的公钥理所当然被您信任。

第十三步：在完成上述的安装过程后，会出现如图 6.36 的提示，报告证书成功

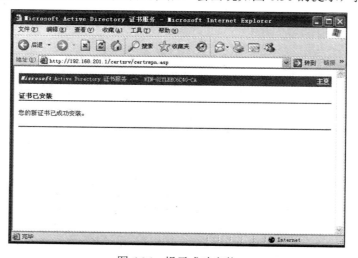

图 6.36　提示成功安装

安装，此时，可以通过 MMC 加载你的证书管理单元，在个人证书容器中能看到刚才所
安装的用户证书，如图 6.37 所示，然后在受信任的证书颁发机构的容器中可以看到证书
服务器的根证书，如图 6.38 所示。

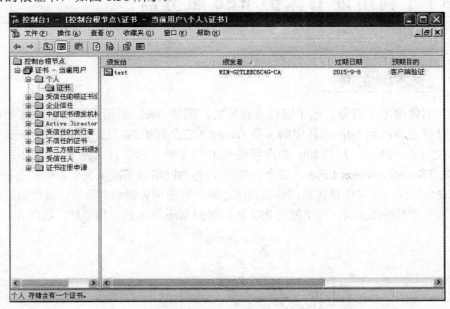

图 6.37　在用户本地查看该证书

图 6.38　查看受信任的证书颁发机构

6.3 ┃ 利用证书保护 Web 服务器

当人们使用电子商务、电子银行转存账时，需要 Web 页面进行安全加密处理，那么，此时就必须用到 https，其中的 s 是 secure（安全保护的意思），https 是在安全套接层(SSL)之上使用 http，所以 http 的内容被 SSL 所保护，那么什么是 SSL？

SSL（Security Socket Layer，安全套接层），是为网络通信提供安全及数据完整性保障的一种安全协议，它工作在传输层和会话层之间，它使用公钥加密数据，提供数据的机密性保障、消息完整性认证，关于使用 PKI 架构保护 Web 页面的工作原理，如图 6.39 所示。

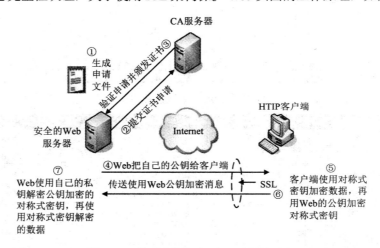

图 6.39　关于公钥加密 Web 页面的过程

第一步：Web 服务器生成一个证书申请文件，该申请文件中存放有 Web 站点相关身份的一些唯一性标识，如果 Web 服务器上已经存在了公钥，那么 Web 服务器会将自己的公钥存放到证书申请文件中，以备证书服务器认证 Web 公钥的合法性。

第二步：Web 服务器将生成的证书申请文件提交给证书服务器，待证书服务器审查。

第三步：当证书服务器验证 Web 服务器申请文件后，证书服务器会为 Web 服务器颁发证书，证书中包括了 Web 服务器将要使用的公钥副本，并将公钥副本与 Web 服务器的身份相绑定。如果在第一步的申请文件中已经存在 Web 服务器的公钥，那么证书服务器就对 Web 的公钥进行合法性签字，注意 Web 服务器自己本地产生公钥，只由证书服务器来授权其公钥的合法性，这是完全有可能的。

第四步：Web 将自己的公钥传送给客户端，以便客户端可以使用 Web 的公钥来加密相关消息，公钥潜在是可以公开的，所以 Web 服务器这样做并没有造成任何安全隐患。

第五步：客户端将使用会话密钥（就是对称式密钥）来加密页面的内容，然后使用

Web 的公钥来加密会话密钥，因为会话密钥加密数据的速度快，并非对称式加密更安全。

第六步：客户端把使用 Web 服务公钥加密的消息通过网络传送给 Web 服务器，即使传送的数据被网络中的恶棍截取也无法读取数据，因为他没有 Web 服务器的私钥。私钥存储在 Web 服务器上，它是不可公开的，其他人无法获取。

第七步：当 Web 服务器收到客户端使用自己公钥加密的消息后，它使用这把公钥对应的私钥解密消息，然后再解密会话密钥加密的内容，得到原始明文消息。

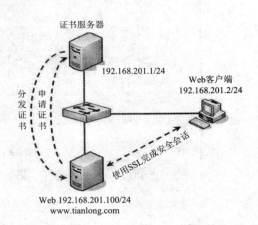

图 6.40　关于证书保护 Web 的环境

实施目标：在 Windows 2008 Server 使用 PKI 架构保护 Web 访问的安全。

实施环境：如图 6.40 所示。

实施步骤：

第一步：在该环境中，首先要部署 192.168.201.100 网络中的 DNS 和 Web 服务器，然后部署证书服务器，以便为环境中的 Web 服务器颁发证书。在完成上述配置后，在 Web 客户端上可以看到访问 Web 服务器的效果如图 6.41 所示。由于 Web 页面没有被加密，所以在传输的过程中，可以使用协议分析器捕获如图 6.42 所示的 Web 页面的内容，如果这些内容是银行卡的密码将是非常不安全的。

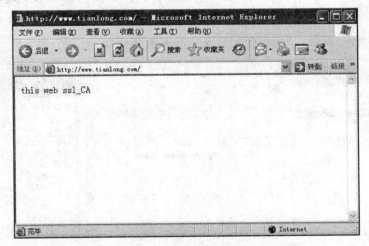

图 6.41　客户端访问 Web 服务器的效果

注意

以上描述为整个实验的前提环境，也是 Web 访问没有被保护时的效果，下面的步骤将使用 PKI 保护 Web 页面访问。

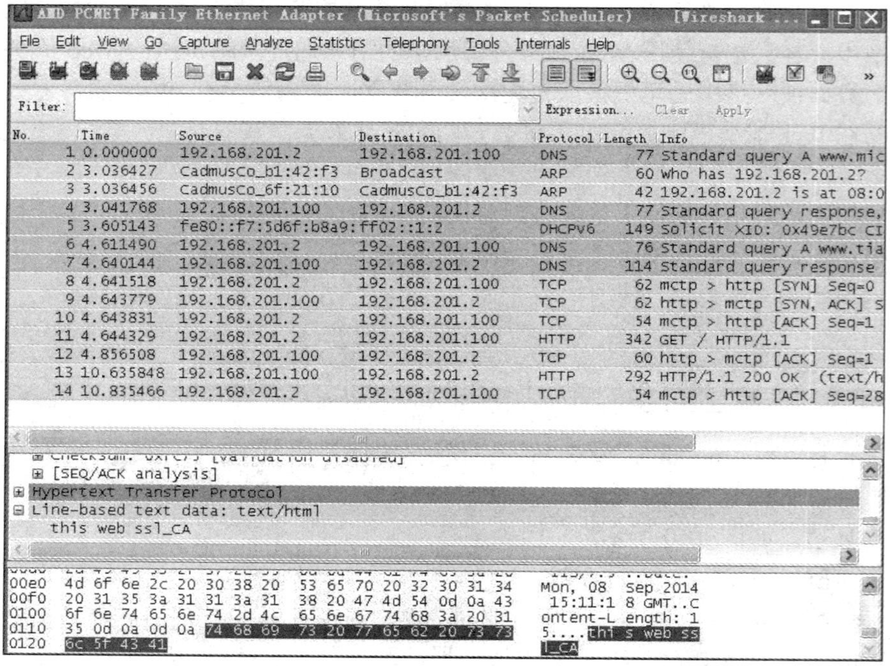

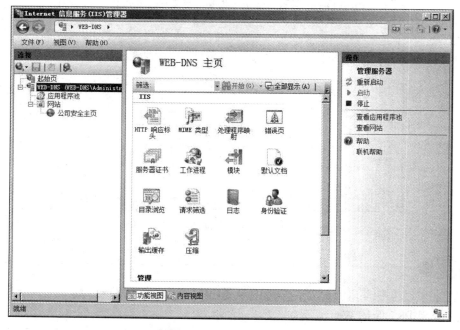

图 6.42　捕获客户端访问 Web 页面的内容

第二步：Web 服务器向证书服务器申请证书，注意此时 Web 服务器申请的证书必须是一张计算机证书而不是用户证书，因为每一个访问 Web 服务器的用户都要使用 Web 服务器的公钥。在 Web 服务器上制作证书申请的文件，在"Internet 信息服务(IIS)管理器"页面的左侧选择 WEB-DNS 选项，弹出 IIS 选择，如图 6.43 所示。选择"服务

图 6.43　网站主页选项

器证书",如图 6.44 所示。单击右侧窗口的"创建证书申请"选项,并填写相关名称属性,如图 6.45 所示。单击"下一步"按钮弹出"加密服务提供程序属性"窗口,使用默认的加密程序和密钥长度,如图 6.46 所示。单击"下一步"按钮在"文件名"的窗口中为该证书申请指定一个文件名和保存位置,如图 6.47 所示。单击"完成"按钮,完成证书申请的创建。打开证书申请文件,可以看见证书申请文件,如图 6.48 所示。

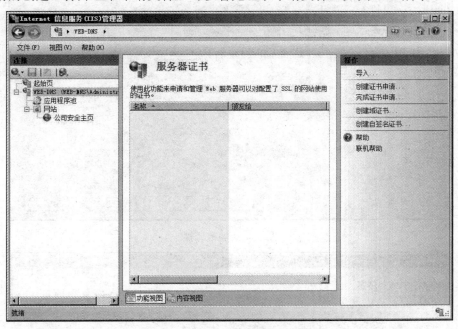

图 6.44 服务器证书

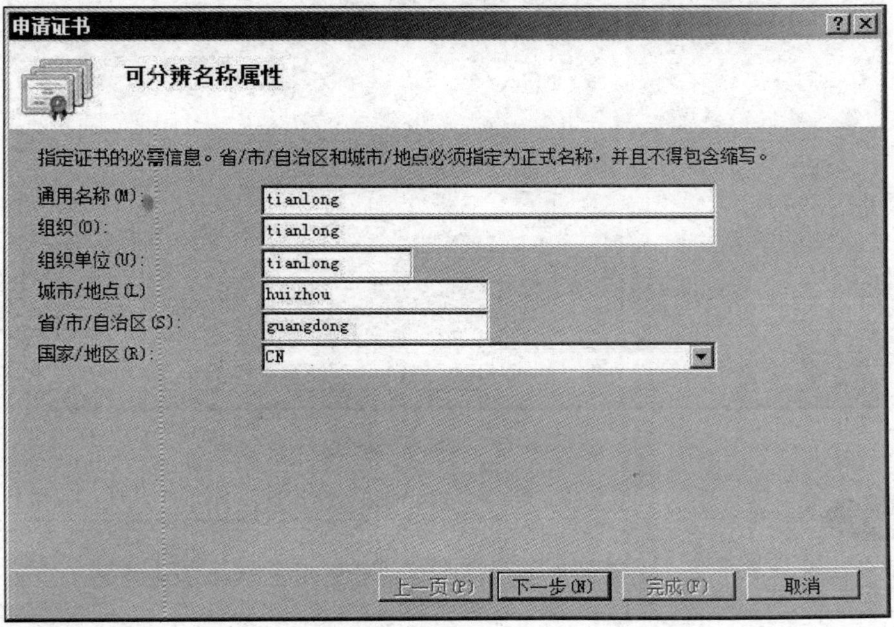

图 6.45 填写名称属性

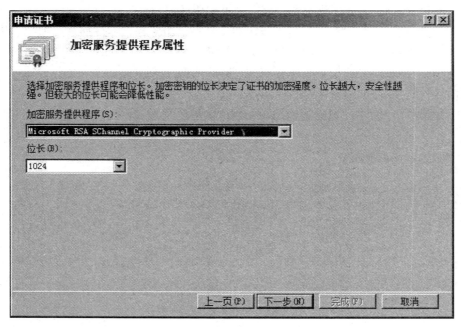

图 6.46　加密属性

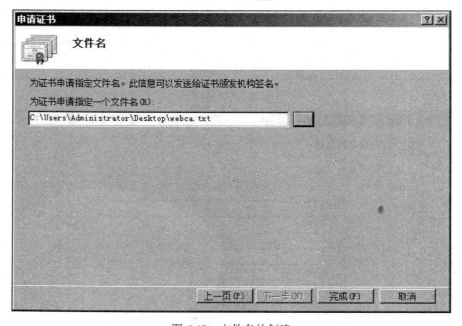

图 6.47　文件名的创建

注意

值得强调的是，上述配置的申请文件是申请一张用于 Web 服务器的机器证书！

图 6.48 查看申请文件

第三步：现在来配置正式提交证书申请，首先必须在 IE 中输入申请证书的 URL 名称 http://192.168.201.1/certsrv，如图 6.49 所示。当在出现证书申请页面中选择申请证书，出现如图 6.50 的页面后，选择高级证书申请，然后在出现图 6.51 的页面中，选择使用 base64 编码的 CMC 或 PKCS#10 文件提交一个证书申请。然后出现如图 6.52 的申请提交页面，将申请文件 webca.txt 的内容全部复制到保存申请的列表中，然后提交，出现如图 6.53 所示的提示申请已经发送到颁发机构，然后等待CA管理员的审查与回置，进行到此已经完成了证书的申请提交。

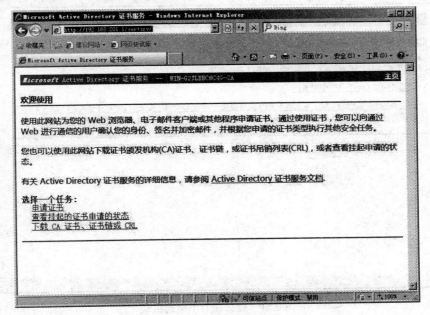

图 6.49 证书申请页面

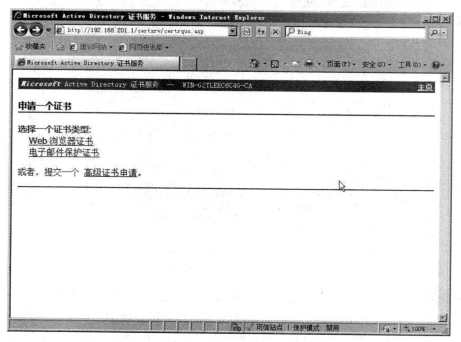

图 6.50　访问证书申请的 Web 页面

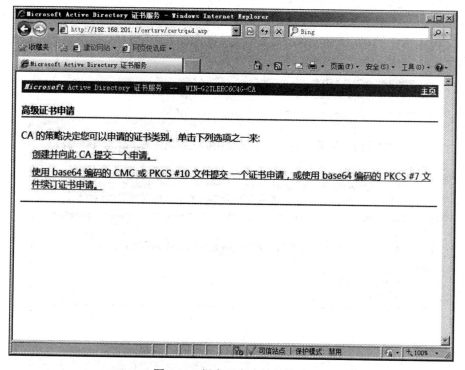

图 6.51　提交证书申请的格式

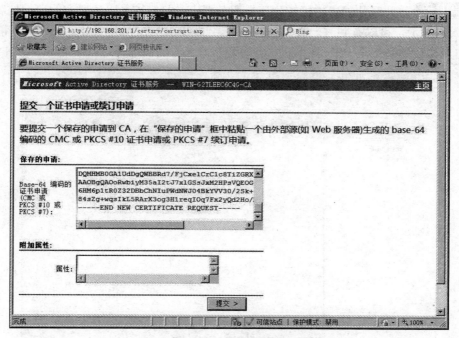

图 6.52　在 Web 申请中插入申请文件

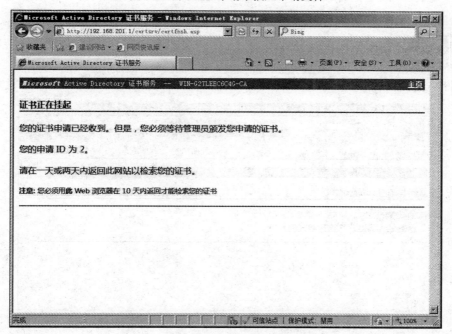

图 6.53　等待 CA 管理回置

关于 base64 编码的 CMC 或 PKCS#10

　　它是一种证书申请的格式，或者说申请消息可以被保存在该格式中，在证书颁发机构不能联机处理证书申请时该选项将非常有用，该演示环境的 Web 服务器申请证书就属于这种情况，需要将请求保存为 base64 编码的 CMC 或 PKCS#10 标准。

第四步：此时从配置主机转到证书服务器上，打开 CA 服务器上的证书控制台，如图 6.54 所示，可以看到有一张挂起的证书，也就是刚才 Web 服务器的证书申请，在审查它无误后，确定是 Web 服务器发出的证书请求，然后选择这张挂起的证书并颁发。

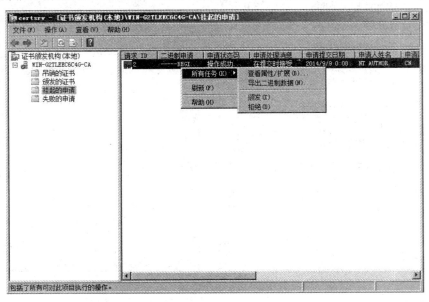

图 6.54　CA 服务器上挂起的请求

第五步：当 CA 管理员为 Web 服务器颁发证书后，再次转到 Web 服务器上，打开证书申请页面，然后查看挂起的证书，如图 6.55 所示，已经看到 CA 管理员颁发的证书，选择它后出现图 6.56 所示的页面，选择以 DER 编码格式下载证书。下载完成后

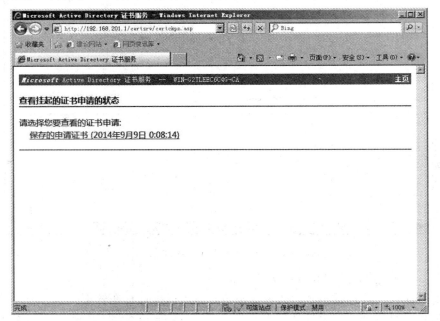

图 6.55　查看挂起的证书

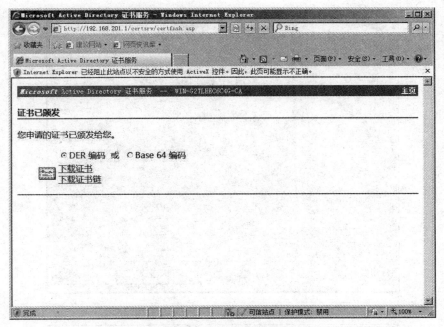

图 6.56 下载证书

把该证书导入到受信任的颁发机构里面，打开该证书弹出该证书的信息，如图 6.57 所示。单击"安装证书"弹出证书导入向导界面，如图 6.58 所示。单击"下一步"按钮弹出证书存储的区域，把证书放入到"受信任的根证书颁发机构"里面，如图 6.59 所

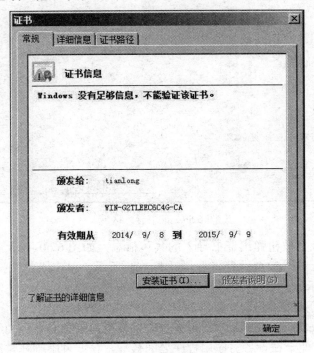

图 6.57 证书的信息

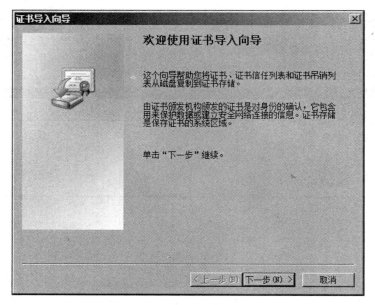

图 6.58　证书导入向导

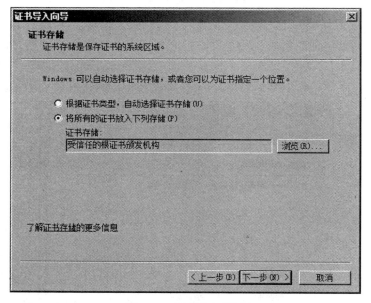

图 6.59　证书导入区域

示。单击"下一步"按钮弹出证书导入的具体信息，如图 6.60 所示。单击"完成"按钮后弹出证书导入的"安全性警告"，如图 6.61 所示。单击"是"按钮，证书导入成功，如图 6.62 所示。

关于 DER 编码格式

它被 ITU-T Recommendation X.509 定义，目标是提供独立平台的编码对象（证书和消息）的方法，以便于在设备与应用程序之间传输，是一种限制非常严格的编码标准。

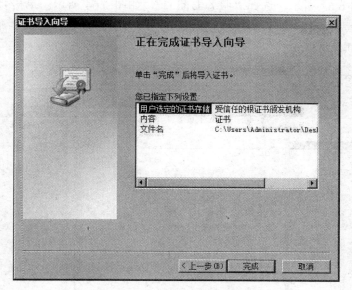

图 6.60　证书导入的具体信息

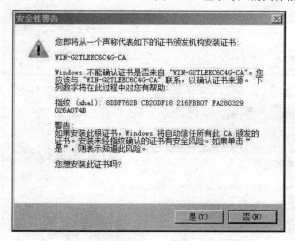

图 6.61　证书导入的安全性警告　　　　　图 6.62　成功导入证书

在证书编码的过程中，多数的应用程序使用 DER，因为证书的请求信息必须使用 DER 编码对其进行签名。即便不是使用微软的证书平台，其他的证书平台也可能使用该格式，因为该格式支持兼容性与互操作性。

关于 base64 编码格式

这种编码格式一般用于安全的多用途 Internet 邮件扩展（S/MIME）。主要将这种编码格式的证书应用于电子邮件，它的目标是将文件编码为纯 ASCII 码格式，这样可以降低文件通过 Interenet（不可靠的网络）传输时被损坏的机率，只要符合 MIME 标准的客户端都可以对 Base64 文件进行解码，很多非微软的操作系统也支持它的应用。

第六步：在"Internet 信息服务(IIS)管理器"的左侧选择 WEB-DNOS 选项，弹出

IIS 选择，如图 6.63 所示。选择"服务器证书"，如图 6.64 所示。单击右侧窗口的"完成证书申请"选项，选择证书文件和好记名称，如图 6.65 所示。单击"确定"按钮后完成证书申请，如图 6.66 所示。

图 6.63　网站主页选项

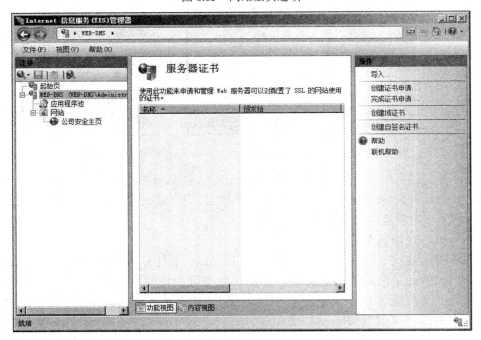

图 6.64　服务器证书

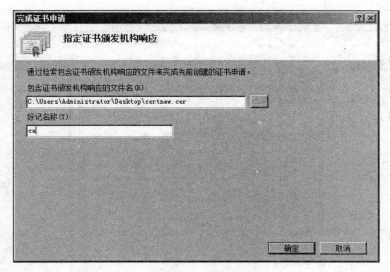

图 6.65 选择证书

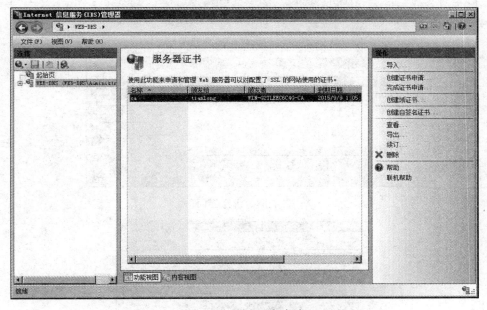

图 6.66 完成证书申请

第七步：在"Internet 信息服务(IIS)管理器"中选择网站，如图 6.67 所示。在右侧的"操作"栏中选择"绑定"选项，弹出如图 6.68 所示对话框。单击"添加"弹出"添加网站绑定"对话框，设置如类型、IP 地址、端口号、SSL 证书等信息，如图 6.69 所示。单击"确定"按钮后回到网站界面，选择"SSL 设置"，要求使用 SSL 和客户端证书，如图 6.70 所示。

关于客户与证书的选项意义如下所示。

1）忽略：指示不要求客户端使用证书，此时客户端只使用 Web 服务器的公钥来加密数据，但是客户端不需将自己的公钥给 Web 服务器。

图 6.67　主页的属性界面

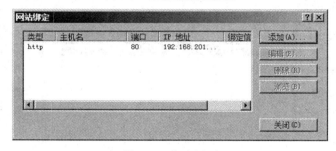

图 6.68　绑定界面

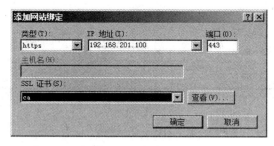

图 6.69　绑定 SSL

2）接受：如果客户端提供证书，Web 服务器可以接受客户端的证书，并使用客户端的公钥，但是不强调客户必须使用证书，如果有证书服务器可以接受。在很多情况下这是最常见的一种用法。

3）必须：该选项指示客户必须使用证书，换言之，Web 服务器必须使用客户端的公钥来完成相关的安全任务。如果选择该选项，客户端不提供证书，那么服务器将拒绝与之会话。

图 6.70 设置 SSL

第八步：现在到客户端上通过 SSL 安全访问 www.tianlong.com，此时在 IE 浏览器中应该输入 https://www.tianlong.com。输入后会弹出安全页面连接的消息，如图 6.71 所示，单击"确定"按钮，出现如图 6.72 所示的安全提示，注意有一个黄色的小叹号，指示该书由于没有选定信任的公司颁发，换而言之，并不信任目前正在使用的这张证书，当单击提示中的"查看证书"时，会看到如图 6.73 所示的证书状态，指示该证书不受信任。事实上，产生这一现象的原因非常的简单：因为客户端不信任为 Web 服务器颁发证书的 CA，那么，必然就不信任该 CA 发放的证书，那么所谓第三方信任机构也就没有形成，现在也的确如此，目前的情况是 Web 服务器信任 CA，而客户端并不信任 CA，所以客户端就不会信任 Web 服务器给的公钥。要解决这个问题同样也很简单，只

图 6.71 使用 SSL 访问 Web

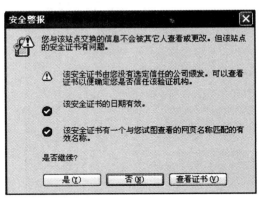

图 6.72　提示证书信任的问题

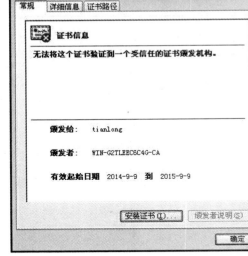

图 6.73　证书不受信任

需要安装证书服务器 CA 的证书链即可。打开证书服务器的网页，如图 6.74 所示。单击"请安装此 CA 证书链"，弹出添加证书的脚本，如图 6.75 所示。单击"是"按钮弹出安全警告，如图 6.76 所示。单击"是"按钮，CA 证书链安装完成，如图 6.77 所示。当完成 CA 证书链的下载后，再次在 IE 中输入 https://www.tianlong.com，除了提示安全连接外，不会再提示任何错误，可看到如图 6.78 所示的情况，在浏览器的右下角有一把小锁的图标，这表示该页面被加密，使用 Web 服务器的公钥加密。如果此时，有第三方的截取者再次捕获访问 Web 的数据帧，将得到如图 6.79 所示的数据帧，可以看到被 SSLv3 加密了，不可能再获得页面的内容。

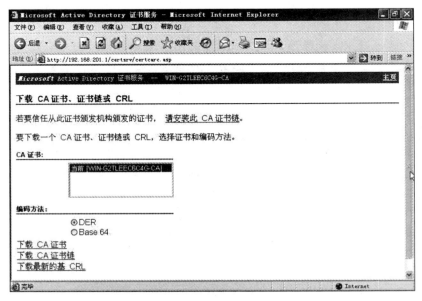

图 6.74　证书服务器的网页

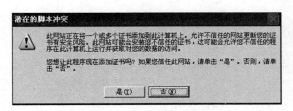

图 6.75 添加证书脚本

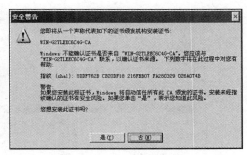

图 6.76 安装证书的安全警告

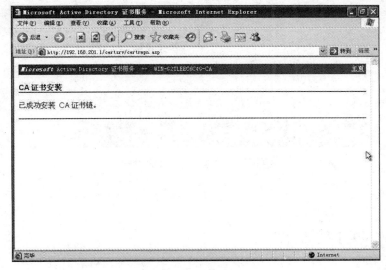

图 6.77 证书链安装完成

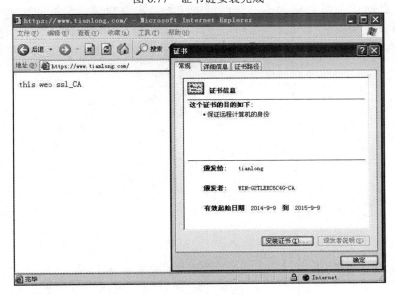

图 6.78 证书受信

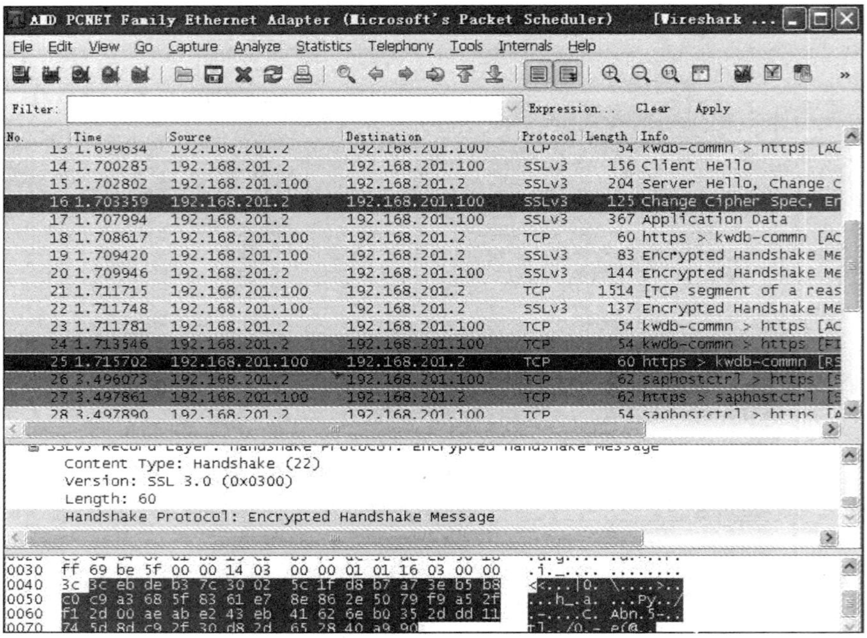

图 6.79　被 SSL 加密的数据帧

6.4 项目总结

　　本项目针对证书服务器的相关知识进行学习，主要包括证书服务器的建设、通过证书服务器来保护 Web 服务器等相关的内容。天隆科技公司的网络管理员通过本项目的学习，可以很轻松地架设一个公司的证书服务器，让公司员工访问网络时进行身份认证。

项目七

邮件服务器

7.1 项目情景引入

天隆科技公司的内部文件大多数都是通过邮件的形式传递的，那么为公司部署邮件服务器也是网络管理员必做的一件事情。现在网络管理员通过对邮件服务器的学习，在 Windows Server 2008 上搭建邮件服务器成了当务之急。

- 掌握邮件服务器的工作原理
- 掌握邮件服务器的组件
- 掌握邮件服务器所使用的端口号

- 能够在公司内部搭建邮件服务器
- 能够配置 Winmail Server 软件

7.2 理解邮件服务器的相关原理

1. 理解邮件服务器的工作原理

邮件服务器构成了电子邮件系统的核心。每个收信人都有一个位于某个邮件服务器上的邮箱（mailbox）。Bob 的邮箱用于管理和维护已经发送给他的邮件消息。一个邮件消息的典型旅程是从发信人的用户代理开始，经发信人的邮件服务器，中转到收信人的邮件服务器，然后投递到收信人的邮箱中。当 Bob 想查看自己的邮箱中的邮件消息时，存放该邮箱的邮件服务器将以他提供的用户名和口令认证他。Alice 的邮件服务器还得处理 Bob 的邮件服务器出故障的情况。如果 Alice 的邮件服务器无法把邮件消息立即递送到 Bob 的邮件服务器，Alice 的服务器就把它们存放在消息队列（message queue）中，以后再尝试递送。这种尝试通常每 30min 执行一次，要是过了若干天仍未尝试成功，该服务器就把这个消息从消息队列中去除掉，同时以另一个邮件消息通知发信人（即 Alice）。

简单邮件传送协议（SMTP）是因特网电子邮件系统首要的应用层协议。它使用由 TCP 提供的可靠的数据传输服务把邮件消息从发信人的邮件服务器传送到收信人的邮件服务器。跟大多数应用层协议一样，SMTP 也存在两个端：在发信人的邮件服务器上执行的客户端和在收信人的邮件服务器上执行的服务器端。SMTP 的客户端和服务器端同时运行在每个邮件服务器上。当一个邮件服务器在向其他邮件服务器发送邮件消息时，它是作为 SMTP 客户在运行。当一个邮件服务器从其他邮件服务器接收邮件消息时，它是作为 SMTP 服务器在运行。

2. 理解 SMTP

SMTP 在 RFC 821 中定义，它的作用是把邮件消息从发信人的邮件服务器传送到收信人的邮件服务器。SMTP 的历史比 HTTP 早得多，其 RFC 是在 1982 年编写的，而 SMTP 的实际使用又在此前多年就有了。例如，它限制所有邮件消息的信体（而不仅仅是信头）必须是简单的 7 位 ASCII 字符格式。这个限制在 20 世纪 80 年代早期是有意义的，当时因特网传输能力不足，没有人在电子邮件中附带大数据量的图像、音频或视频文件。然而到了多媒体时代的今天，这个限制就多少显得局促了—它迫使二进制多媒体数据在由 SMTP 传送之前首先编码成 7 位 ASCII 文本；SMTP 传送完毕之后，再把相应的 7 位 ASCII 文本邮件消息解码成二进制数据。HTTP 不需要对多媒体数据进行这样的编码解码操作。

3. 理解邮件服务器常用的端口号

25：SMTP 是服务器用来接收和发送邮件的，客户端来发送邮件的（这个端口是不能更改的）。

110：是 POP 客户端用来接收邮件的。

143：是 IMAP 客户端用来接收邮件的。

465：是 SMTP 的加密端口用来发送邮件的。

995：是 POP 的加密端口客户端用来接收邮件的。

4. 理解 Winmail Server 软件

Winmail Server 是一款安全易用功能全的邮件服务器软件，不仅支持 SMTP、POP3、IMAP、Webmail、LDAP（公共地址簿）、多域、发信认证、反垃圾邮件、邮件过滤、邮件组、公共邮件夹等标准邮件功能，还提供邮件签核、邮件杀毒、邮件监控、支持 IIS、Apache 和 PWS、短信提醒、邮件备份、SSL（TLS）安全传输协议、邮件网关、动态域名支持、远程管理、Web 管理、独立域管理员、在线注册、二次开发接口功能。它既可以作为局域网邮件服务器、互联网邮件服务器，也可以作为拨号 ISDN、ADSL 宽带、FTTB、有线通（CableModem）等接入方式的邮件服务器和邮件网关。在安装系统之前，还必须选定操作系统平台，Winmail Server 可以安装在 Windows NT4、Windows 2000、Windows XP 以及 Windows 2003、Vista、2008 等Win32 操作系统中。

实施目标：在 Windows Server 2008 服务器中利用 Winmail Server 架构邮件服务器。
实施环境：如图 7.1 所示。

图 7.1　邮件服务器的环境

实施步骤：
安装 Winmail Server，在安装过程中和一般的软件类似，下面只给一些要注意的步骤，如安装组件、安装目录、运行方式以及设置管理员的登录密码等。

第一步：开始安装 Winmail Server，如图 7.2 所示为 Winmail Server 软件的安装程序的欢迎界面，选择"下一步"按钮。

图 7.2　安装程序欢迎画面

第二步：当单击"下一步"按钮后，会弹出如图 7.3 所示的对话框，选择 Winmail

Server 软件的安装目录。在这里就选择它的默认安装位置，然后单击"下一步"按钮。

图 7.3　选择安装目录

注意

此时选择的安装目录的路径不能有中文。

第三步：弹出如图 7.4 所示的"选择安装组件"对话框，Winmail Server 主要的组件有服务器核心和管理工具两部分。服务器核心主要是完成 SMTP、POP3、ADMIN、HTTP 等服务功能；管理工具主要是负责设置邮件系统，如设置系统参数、管理用户、管理域等。在这里同时选择服务器程序和管理端工具，然后单击"下一步"按钮。

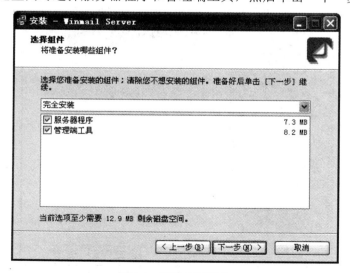

图 7.4　选择安装组件

第四步：如图 7.5 所示，选择 Winmail Server 软件的附加任务。服务器核心运行方式主要有两种：作为系统服务运行和单独程序运行。以系统服务运行仅当操作系统平台是 Windows NT4、Windows 2000、Windows XP 以及 Windows 2003 时才能有效；以单独程序运行适用于所有的 Win32 操作系统。同时在安装过程中，如果是检测到配置文件已经存在，安装程序会让选择是否覆盖已有的配置文件，注意升级时要选择"保留原有设置"，然后单击"下一步"按钮。

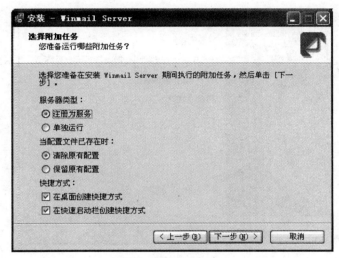

图 7.5　选择附加任务

第五步：设置密码，如图 7.6 所示。

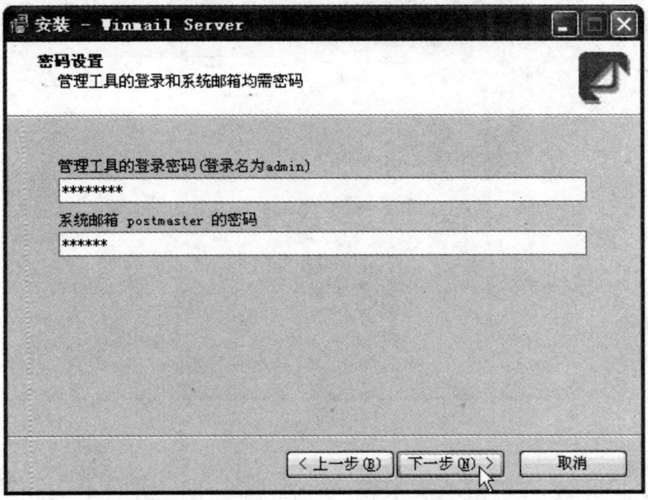

图 7.6　设置管理员和系统邮箱密码

第六步：完成上面所有的配置后，Winmail Server 服务器安装完成，如图 7.7 所示。

系统安装成功后，安装程序会让用户选择是否立即运行 Winmail Server 程序。如果程序运行成功，将会在系统托盘区显示图标 ，如果程序启动失败，则用户在系统托盘区看到图标 ，这时用户可以到 Windows 系统的"管理工具"、"事件查看器"查看系统"应用程序日志"，了解 Winmail Server 程序启动失败的原因（注意：如果提示重新启动系统，请务必重新启动）。在安装完成后，管理员必须对系统进行一些初始化设置，系统才能正常运行。服务器在启动时如果发现还没有设置域名会自动运行快速设置向导，用户可以用它来简单快速地设置邮件服务器。当然用户也可以不用快速设置向导，而用功能强大的管理工具来设置服务器。

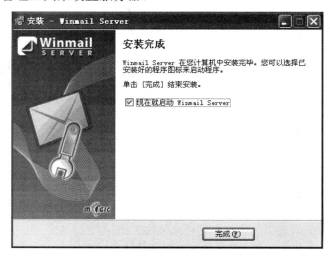

图 7.7　安装成功

第七步：使用快速设置向导设置，如图 7.8 所示。

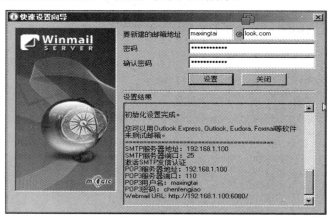

图 7.8　快速设置向导

　　用户输入一个要新建的邮箱地址及密码，注意这里的密码不能和邮箱名一样。单击"设置"按钮，设置向导会自动查找数据库是否存在要建的邮箱以及域名，如果发现不存在，向导会向数据库中增加新的域名和新的邮箱，同时向导也会测试 SMTP、POP3、ADMIN、HTTP 服务器是否启动成功。设置结束后，在"设置结果"栏中会报告设置信息及服务器测试信息，设置结果的最下面也会给出有关邮件客户端软件的设置信息。为了防止垃圾邮件，强烈建议启用 SMTP 发信认证。启用 SMTP 发信认证后，用户在客户端软件中增加账号时也必须设置 SMTP 发信认证。

第八步：登录管理端程序运行 Winmail 服务器程序或双击系统托盘区的图标，
启动管理工具，如图 7.9 所示。

图 7.9　管理工具登录

管理工具启动后，用户可以使用用户名（admin）和在安装时设定的密码进行登录。

第九步：为邮件系统设置一个域。请使用"域名设置"、"域名管理"，如图 7.10
所示。

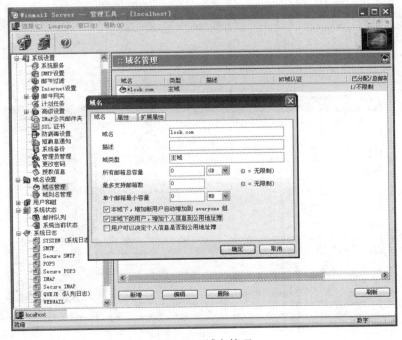

图 7.10　域名管理

第十步：用户成功增加域后，可以使用"用户和组"、"用户管理"加入几个邮箱，如图 7.11 所示。

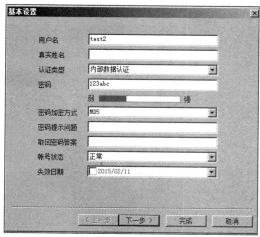

图 7.11　用户管理

完成上述步骤后，可以使用常用的邮件客户端软件如 Outlook Express、Outlook、FoxMail 来测试，在"发送邮件服务器（SMTP）"和"接收邮件服务器（POP3）"项中设置为邮件服务器的 IP 地址或主机名，POP3 用户名和口令要输入用户管理中设定的。下面我们以 Outlook Express 为例，讲述如何设置邮件客户端软件。

第十一步：单击菜单"工具"中的"账号"选项，弹出如图 7.12 所示的对话框。在弹出的"Internet 账号"对话框中，单击"添加"按钮选择"邮件"选项。

图 7.12　Outlook Express 增加邮件账户

第十二步：如图 7.13 所示进入到"Internet 连接向导"填入用户的名字，单击"下一步"按钮。

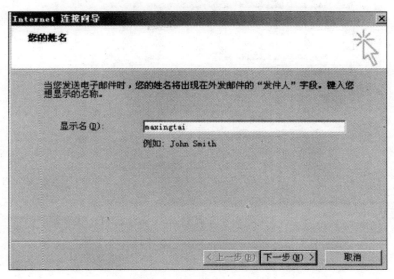

图 7.13　设置发件人名字

第十三步：填写之前在邮件系统增加电子邮件地址到"电子邮件地址"里，如图 7.14 所示，单击"下一步"按钮。

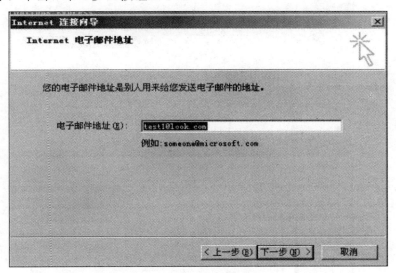

图 7.14　设置电子邮件地址

第十四步：接收邮件服务器选为"POP3"，在接收邮件服务器 POP3 的地方填入邮件服务器的主机名或 IP 地址，而在发送邮件服务器 SMTP 填入邮件服务器的主机名或 IP 地址，如图 7.15 所示，单击"下一步"按钮。

第十五步：输入您的邮件系统中的用户账号名和密码，单击"下一步"按钮，如图 7.16 所示。

第十六步：添加账号完成，如图 7.17 所示。

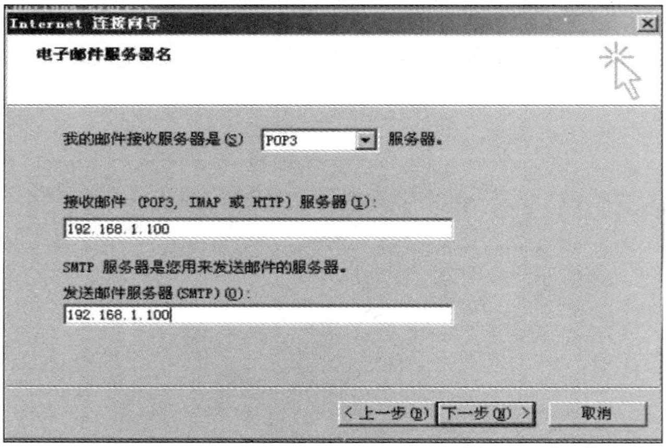

图 7.15 设置邮件账号的 POP3 服务器和 SMTP 服务器

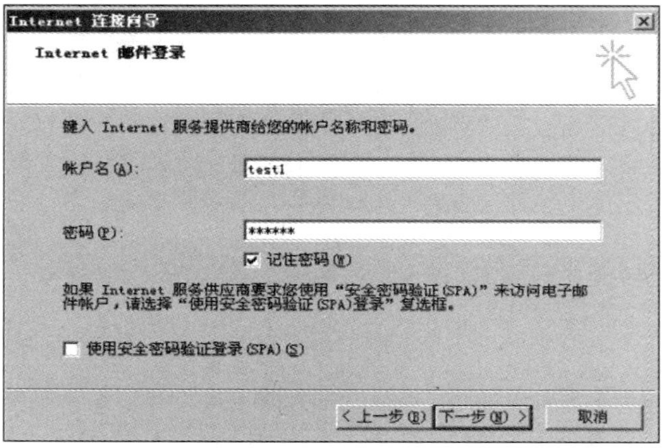

图 7.16 设置邮件账号的账户名和密码

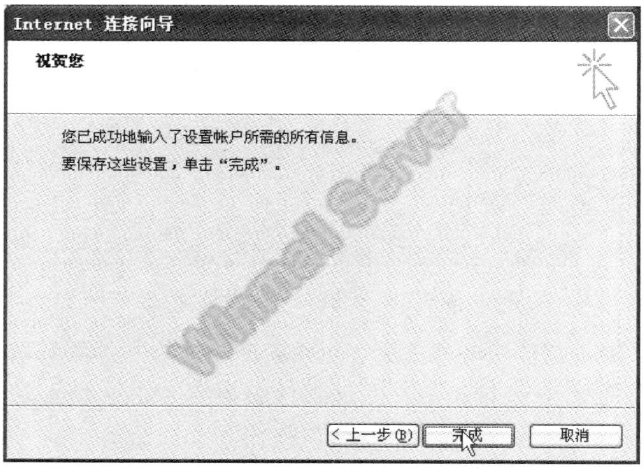

图 7.17 邮件账号设置成功

第十七步：通过 test1 用户发送电子邮件给 test2 用户，验证邮件服务器是否搭建成功，如图 7.18 所示。

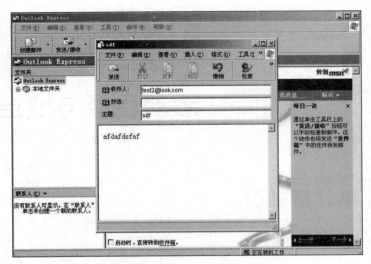

图 7.18　test1 发送电子邮件给 test2

第十八步：test2 用户收到 test1 发送的电子邮件，验证邮件服务器搭建成功，如图 7.19 所示。

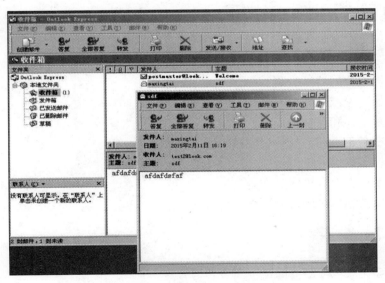

图 7.19　test2 用户收到 test1 发送的电子邮件

7.3　项目总结

本项目针对 Winmail Server 邮件服务器的学习，主要包括了 Winmail Server 邮件服务器的安装、配置及基本使用。通过对本项目的学习天隆科技公司网络管理员可以让公司内部员工注册使用电子邮箱，提高了企业信息交换效率。

项目八

活动目录与域控制器

8.1 项目情景引入

天隆科技公司内部网络在以往使用工作组模式来管理用户和计算机时，管理员经常遇到公用计算机上共享的某些文件丢失或被替换，给管理上带来了很大的压力。为了能够使网络中的用户和计算机实现统一管理，需要给每个部门的员工创建账户和管理单元，并且为这些账号配置策略，这样就可以实现对用户和计算机以及共享资源进行统一管理。

- 掌握域控制器的安装
- 掌握备份域控制器的部署
- 了解域树和森林的部署
- 了解基于活动目录的权限控制
- 了解策略组的运用
- 了解文件夹的重定向功能
- 了解活动目录的复制技术

- 能够完成域控制器的基本安装和部署
- 能够完成备份域控制器的部署
- 能够创建组和用户并运用
- 能够实施基于活动目录的权限控制
- 能够实施组策略相关的功能
- 能够实施文件夹重定向
- 能够配置活动目录的复制技术

8.2 域控制器的基本安装与部署

活动目录（Active Directory）是 Windows Server 2008 操作系统提供的一种新的目录服务。所谓目录服务其实就是提供了一种按层次结构组织的信息，然后按名称关联检索信息的服务方式。这种服务提供了一个存储在目录中的各种资源的统一管理视图，从而减轻了企业的管理负担。另外，它还为用户和应用程序提供了对其所包含信息的安全访问。活动目录作为用户、计算机和网络服务相关信息的中心，支持现有的行业标准 LDAP（Lightweight Directory Access Protocal，轻量目录访问协议）第 8 版，使任何兼容 LDAP 的客户端都能与之相互协作，可访问存储在活动目录中的信息，如 Linux、Novell 系统等。

1. 目录服务的含义

目录是一个用于存储用户感兴趣的对象信息的信息库。所谓目录服务就是结构化的网络资源信息库，如计算机、用户、打印机、服务器等。

活动目录是厍于 Windows Server 2008 的目录服务。它存储着本网络上各种对象的相关信息，并使用一种易于用户查找及使用的结构化的数据存储方法来组织和保存数据。在整个目录中，通过登录验证以及目录中对象的访问控制，将安全性集成到 Active Directory 中。

2. 需要目录服务的原因

目录服务可以实现如下的功能。
1）提高管理者定义的安全性来保证信息不受入侵者的破坏。
2）将目录分布在一个网络中的多台计算机上，提高了整个网络系统的可靠性。
3）复制目录可以使得更多用户获得它并且减少使用和管理开销，提高了效率。
4）分配一个目录于多个存储介质中使其可以存储规模非常大的对象。

3. Active Directory 的物理结构

1）域控制器是运行 Active Directory 的 Windows Server 2008 服务器。由于在域控制器上，Active Directory 存储了所有的域范围内的账户和策略信息，如系统的安全策略、用户身份验证数据和目录搜索。账户信息可以属于用户、服务和计算机账户。由于有 Active Directory 的存在，域控制器不需要本地安全账户管理器（SAM）。在域中作为服务器的系统可以充当以下两种角色中的任何一种：域控制器或成员服务器。

2）Active Directory 中的站点代表网络的物理结构或拓扑。Active Directory 使用在目录中存储为站点和站点连接对象建立起最有效的复制拓扑。可以将站点定义为由一个或多个 IP 子网的一组连接良好的计算机集合。站点与域不同，站点代表网络的物理结构，而域代表组织的逻辑结构。

站点在概念上不同于 Windows Server 2008 的域，因为一个站点可以跨越多个域，而一个域也可以跨越多个站点。站点并不属于域名称空间的一部分，站点控制域信息的复制，并可以帮助确定资源位置的远近。站点反映网络的物理结构，而域通常反映组织的逻辑结构。

实施目标：通过安全活动目录把 Windows 2008 Server 服务器升级为域控制器，让客户端能够成功加入到该域中。

实施环境：如图 8.1 所示。

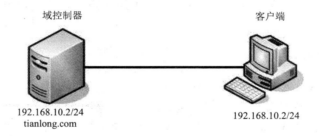

域控制器　　　　　　　　　　　　　　　客户端

192.168.10.2/24　　　　　　　　　　192.168.10.2/24
tianlong.com

图 8.1　域控制器的环境

实施步骤：

第一步：安装之前，先为 Windows 2008 Server 服务器配置 IP 地址和 DNS，在"开始"菜单中选择"运行"命令，在弹出的"运行"对话框中输入 dcpromo 命令，如图 8.2 所示。开始安装 Active Directory 域服务二进制文件，出现如图 8.3 所示的界面。

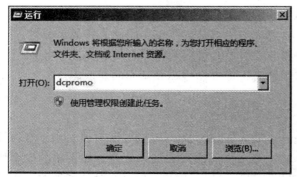

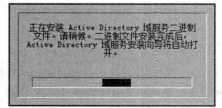

图 8.2　域控制器安装指令　　　　　　　图 8.3　执行 dcpromo 命令

第二步：Active Directory 域服务二进制文件安装完之后，出现如图 8.4 所示的

"Active Directory 域服务安装向导"对话框，通过该向导把当前计算机配置为域控制器。

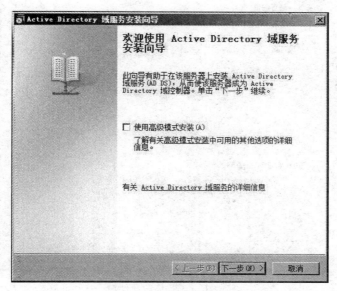

图 8.4　域控制器安装向导

第三步：单击"下一步"按钮，出现如图 8.5 所示的"操作系统兼容性"对话框。

图 8.5　操作系统兼容性

第四步：单击"下一步"按钮，在弹出的"选择某一部署配置"对话框中选择"在新林中新建域"，如图 8.6 所示。

第五步：单击"下一步"按钮，弹出"命名林根域"对话框，在"目录林根级域的 FQDN"文本框中输入新的林根级完整的域名系统名称 tianlong.com，如图 8.7 所示。

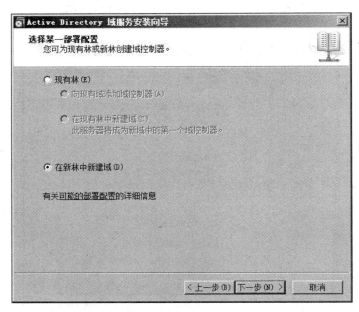

图 8.6　在新林中新建域

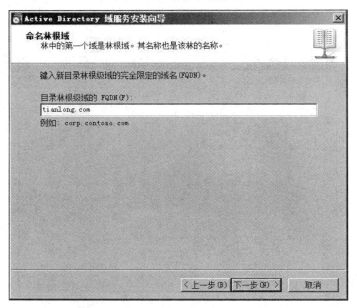

图 8.7　命名林根域

第六步：单击"下一步"按钮，开始检查网络中是否已经存在名为 tianlong.com 的林的名称，如图 8.8 所示。如果没有检查到该林，则出现如图 8.9 所示的"设置林功能级别"对话框，在林功能级别中有 Windows 2000、Windows Server 2003、Windows Server 2008 和 Windows Server 2008 R2 四个林功能级别，默认林功能级别为 Windows Server 2003。

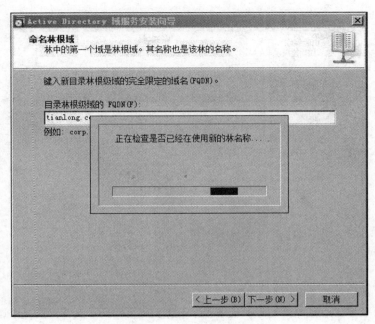

图 8.8 检查林命名

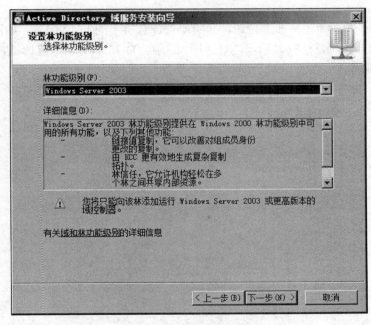

图 8.9 设置林功能级别

第七步：单击"下一步"按钮，在域功能级别中有 Windows Server 2003、Windows Windows Server 2008 和 Windows Server 2008 R2 三个域功能级别，如图 8.10 所示。默认域功能级别为 Windows Server 2003。这里选择 Windows Server 2003，是因为它会兼容 Windows Server 2003，如果选择 Windows Server 2008 和 Windows Server 2008 R2 是不会向下兼容的。

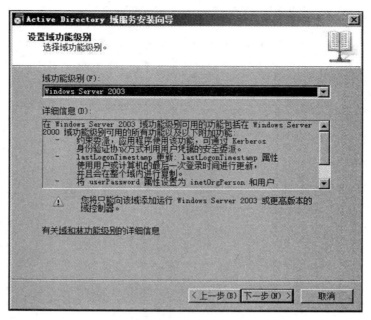

图 8.10　设置域功能级别

第八步：单击"下一步"按钮，开始检查计算机上的 DNS 配置，如图 8.11 所示。检查完毕出现"其他域控制器选项"对话框，选择"DNS 服务器"复选框，将该计算机配置为 DNS 服务器，如图 8.12 所示。

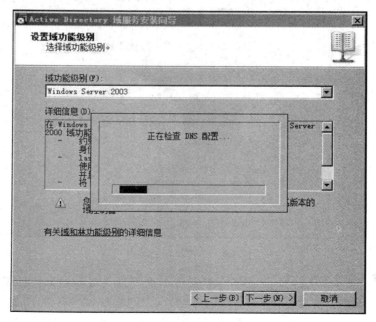

图 8.11　检查 DNS 配置

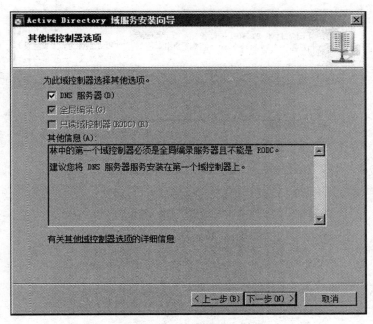

图 8.12 其他域控制器选项

第九步：单击"下一步"按钮，弹出如图 8.13 所示的界面，该信息表示因为无法找到有权威的父区域或者未运行 DNS 服务器，所以无法创建该 DNS 服务器的委派。

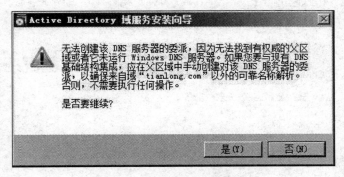

图 8.13 安装提示信息

第十步：单击"是"按钮，出现"数据库、日志文件和 SYSVOL 的位置"对话框，在该对话框中指定活动目录数据库、日志文件以及 SYSVOL 文件夹的存储位置，其中 SYSVOL 文件夹必须存在 NTFS 文件系统的分区上，如图 8.14 所示。

第十一步：单击"下一步"按钮，出现"目录服务还原模式的 Administrator 密码"对话框，在该对话框中指定在目录服务还原模式下所需的密码，该密码必须符合密码策略规定的复杂性要求，如图 8.15 所示。

第十二步：单击"下一步"按钮，出现"摘要"对话框，该对话框显示以上步骤设置的相关信息，如图 8.16 所示。确认信息没错，则单击"下一步"按钮，开始安装

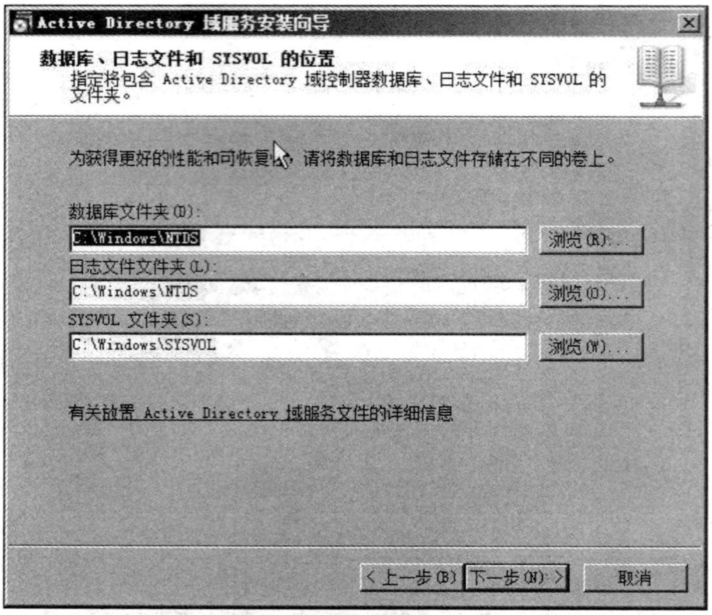

图 8.14　数据库、日志文件和 SYSVOL 的位置

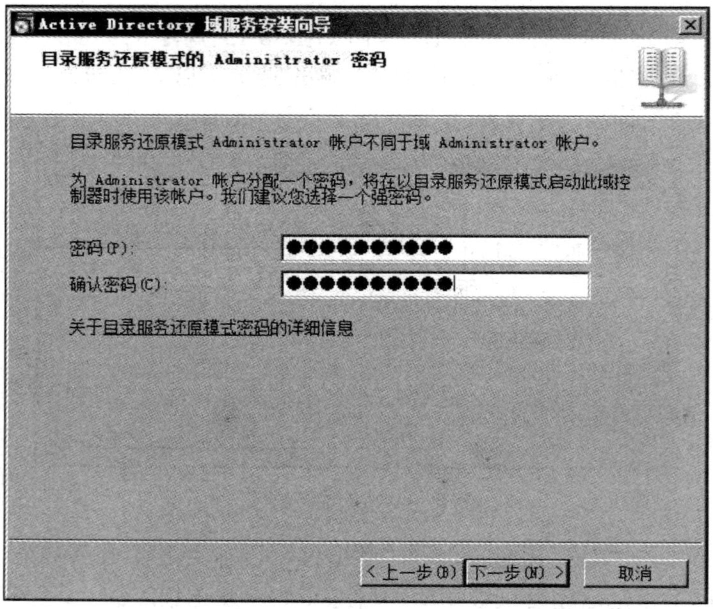

图 8.15　目录服务还原模式密码

DNS 和 Active Directory 域服务，如图 8.17 和图 8.18 所示。

第十三步：安装 Active Directory 域服务需要几分钟时间，安装完成后会出现如图 8.19 所示的"完成 Active Directory 域服务安装向导"对话框，表示 Active Directory 域服务安装成功。单击"完成"按钮，系统提示进行重启，如图 8.20 所示，重启后就可以进入域控制器了。

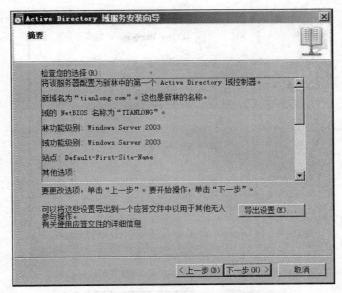

图 8.16 安装摘要信息

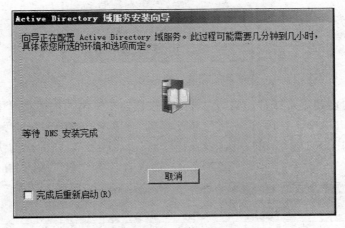

图 8.17 安装 DNS

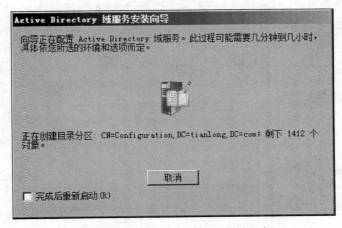

图 8.18 安装 Active Directory 域服务

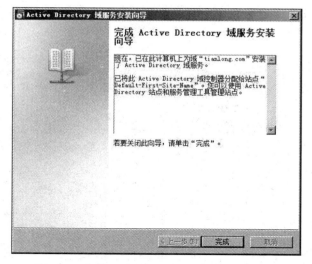

图 8.19 完成 Active Directory 域服务安装向导

图 8.20 完成安装系统提示重启

第十四步 创建用户账户，单击"开始"按钮，在弹出的快捷菜单中选择"管理工具"，然后单击"Active Directory 用户和计算机"，单击 tianlong.com 旁边的"+"号将其展开，显示如图 8.21 所示的右窗格的内容。右击"User"，在弹出的快捷菜单中选择"新建"，然后单击"用户"，如图 8.22 所示。输入 si 作为"名"，输入 li 作为"姓"（注

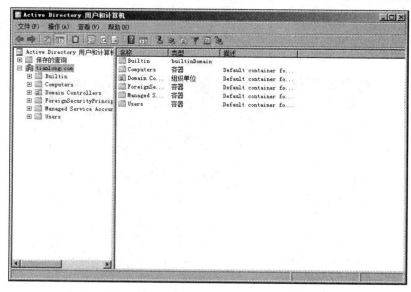

图 8.21 Active Directory 用户和计算机

意，在"姓名"框中将自动显示全名）。输入 lisi 作为"用户登录名"，如图 8.23 所示。
单击"下一步"按钮，如图 8.24 所示，在"密码"和"确认密码"文本框中输入密
码，然后单击"下一步"按钮，用户将会被创建，如图 8.25 所示。单击"完成"按
钮后用户创建完毕。

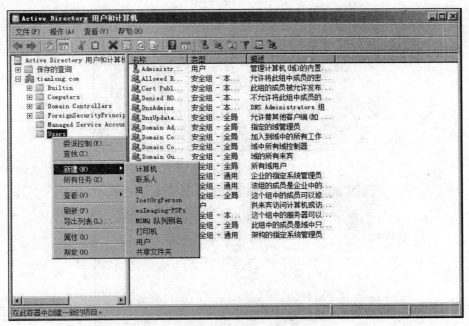

图 8.22 新建用户

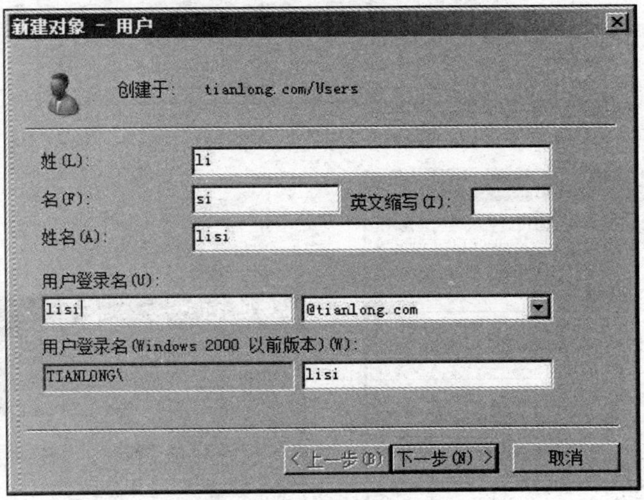

图 8.23 输入用户名称

第十五步：把客户端加入到 tianlong.com 的域，如图 8.26 所示。在加入域的过程中
会弹出如图 8.27 所示的加入域身份验证要求，此时用创建的用户 lisi 加入到 tianlong.com
这个域。加入成功后会弹出"欢迎加入 tianlong.com 域"对话框，如图 8.28 所示。等客
户端计算机重启后使用 lisi 的账户就可以登录到该域，如图 8.29 所示。

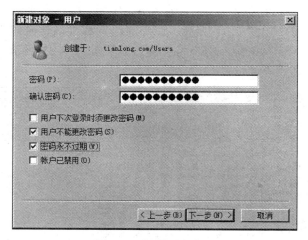

图 8.24　设置用户密码

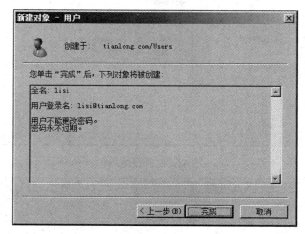

图 8.25　用户创建信息

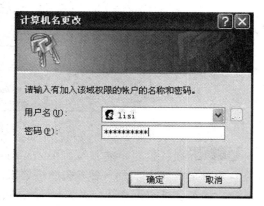

图 8.26　将客户端加入到域　　　　　　图 8.27　输入用户名和密码

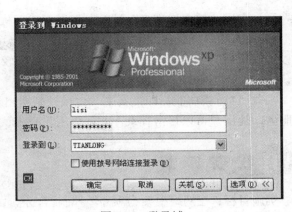

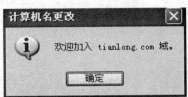

图 8.28 加入成功   图 8.29 登录域

第十六步：如果在上一步当中不能够将计算机加入为域计算机，如图 8.30 所示，那么就需要重新卸载掉 DNS 服务器，重新安装 DNS 服务器，等待服务器安装完成，然后再次加入到域中。

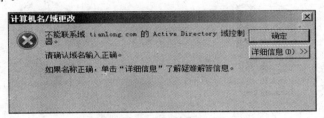

图 8.30 加入域控制器失败

8.3 备份域控制器的部署

域中如果只有一台域控制器，一旦出现物理故障就意味着公司的业务将出现停滞。部署额外域控制器，指的是在域中部署第二个域控制器，每个域控制器都拥有一个 Active Directory 数据库。使用额外域控制器的好处很多，避免了域控制器出现故障后所造成的业务停滞，如果一个域控制器出现故障只要域内其他的域控制器工作正常，域用户就可以继续完成用户登录，访问网络资源等一系列工作，基于域的资源分配不会因此停滞。使用域控制器还可以起到负载平衡的作用。有额外域控制器，那么每个额外域控制器都可以处理用户的登录请求，用户就不用等待那么长时间了。尤其是如果域的地理分布跨了广域网，例如域内的计算机有的在北京，有的在重庆，有的在广州，那么显然重庆用户的登录请求通过低速的广域网提交到北京的域控制器上进行验证不是一个效率高的办法，比较理想的办法是在北京、重庆、广州都部署额外域控制器以方便用户就近登录。在同一域内安装多台域控制器具有以下优点。

1）提高用户登录的效率。因为多台域控制器可以同时分担审核用户的工作，因此，可以加快用户的登录速度。当网络内的用户数量较多，或者多种网络服务都需要进行身份认证时，应当安装多台域外控制器。

2）提供容错功能。即使其中一台域控制器出现故障，仍然可以由其他域控制器提供服务，让用户可以正常登录，并提供用户身份认证。

实施目标：在网络中架构额外域控制器，把原来的主域控制器的数据库复制到额外域控制器上。

实施环境：如图 8.31 所示。

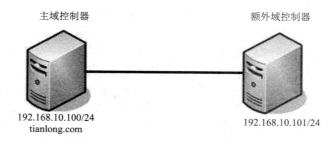

主域控制器　　　　　　　　　　　　　额外域控制器

192.168.10.100/24　　　　　　　　　　192.168.10.101/24
tianlong.com

图 8.31　架构额外域控制器的环境

实施步骤：

第一步：在 8.2 节中，网络已经部署了一台 tianlong.com 的域控制器，现在需要部署另外一台额外域控制器。在部署之前，Windows 2008 Server 服务器要将 IP 地址和 DNS（这里的 DNS 地址填主域控制器的 DNS 地址，即 192.168.10.100）加入到 tianlong.com 的域中。在"开始"菜单中选择"运行"命令，在弹出的"运行"对话框中输入 dcpromo 命令，如图 8.32 所示。开始安装 Active Directory 域服务二进制文件，出现如图 8.33 所示的界面。

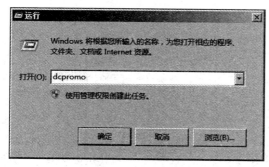

图 8.32　域控制器安装指令　　　　　　　　图 8.33　执行 dcpromo 命令

第二步：Active Directory 域服务二进制文件安装完之后，将出现如图 8.34 所示的"Active Directory 域服务安装向导"对话框，通过该向导把当前计算机配置为域控制器。

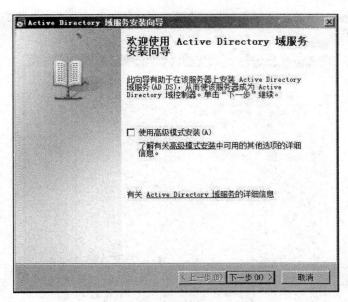

图 8.34 域控制器安装向导

第三步：单击"下一步"按钮，将出现如图 8.35 所示的"操作系统兼容性"对话框。

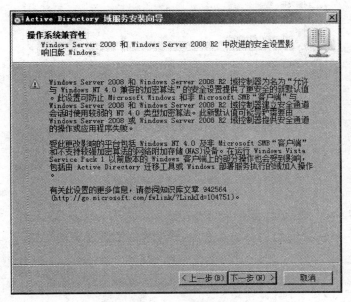

图 8.35 操作系统兼容性

第四步：单击"下一步"按钮，在出现的"选择一部署配置"对话框中选择"现有林（向现有域添加域控制器）"，如图 8.36 所示。

第五步：单击"下一步"按钮，出现"网络凭据"对话框，在"键入位于计划安装此域控制器的林中任何域的名称"文本框中输入 tianlong.com 的域名（这里由于额外域控制器是加入到了 tianlong.com 的域，所以会自动添加），如图 8.37 所示。单击"设置"按钮弹出输入用户名和密码进行验证，如图 8.38 所示。验证完成后自动选择 tianlong.com，如图 8.39 所示。

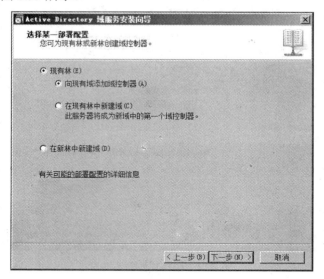

图 8.36 添加域控制器

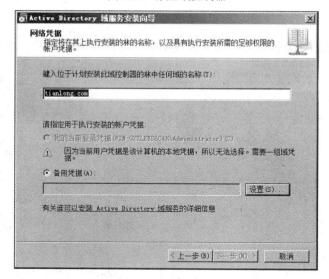

图 8.37 网络凭据

图 8.38 验证用户名和密码

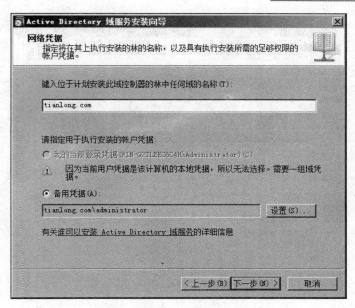

图 8.39 验证完成后显示主域控制器

第六步 ：单击"下一步"按钮，弹出所需要给 tianlong.com 配置的额外域控制器，如图 8.40 所示。单击"下一步"按钮，选择默认站点，如图 8.41 所示。

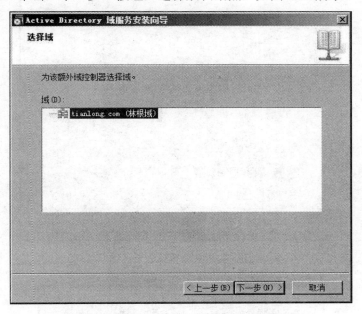

图 8.40 为 tianlong.com 添加额外域控制器

第七步 ：单击"下一步"按钮，出现"其他域控制器选项"对话框，选择"DNS 服务器"和"全局编录"复选框，如图 8.42 所示。

第八步 ：单击"下一步"按钮，弹出如图 8.43 所示的界面，该信息表示因为无法找到有权威的父区域或者未运行 DNS 服务器，所以无法创建该 DNS 服务器的委派。

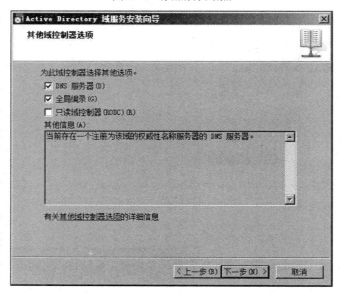

图 8.41　添加默认站点

图 8.42　其他域控制器选项

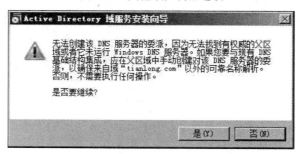

图 8.43　安装提示信息

第九步：单击"是"按钮，出现"数据库、日志文件和 SYSVOL 的位置"对话框，在该对话框中设置活动目录数据库、日志文件以及 SYSVOL 文件夹的存储位置，其中 SYSVOL 文件夹必须存在 NTFS 文件系统的分区上，如图 8.44 所示。

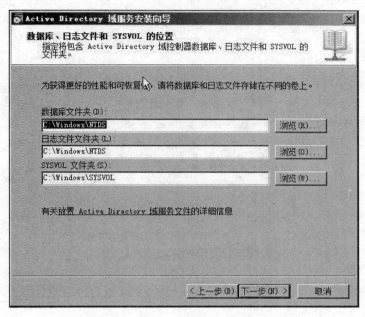

图 8.44 数据库、日志文件和 SYSVOL 的位置

第十步：单击"下一步"按钮，出现"目录服务还原模式的 Adminstrator 密码"对话框，在该对话框中设置在目录服务还原模式下所需的密码，该密码必须符合密码策略规定的复杂性要求，如图 8.45 所示。

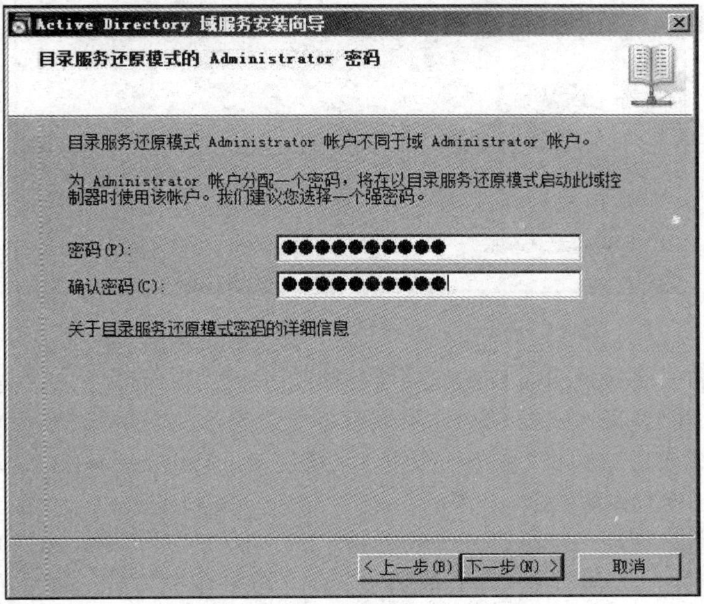

图 8.45 目录服务还原模式密码

第十一步：单击"下一步"按钮，出现"摘要"对话框，该对话框显示以上步骤设置的相关信息，如图 8.46 所示。确认信息没错，则单击"下一步"按钮，开始安装DNS 和复制主域控制器的数据库，如图 8.47 所示。

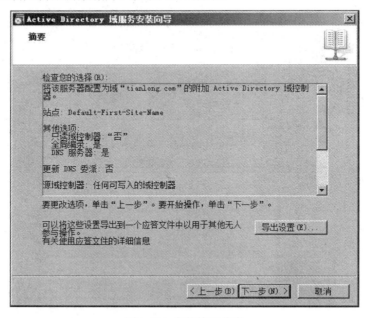

图 8.46　安装摘要信息

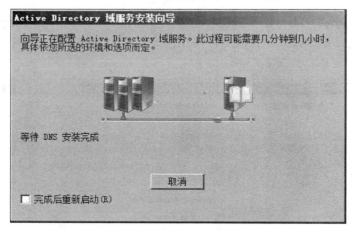

图 8.47　安装 DNS 和数据库复制

第十二步：安装 Active Directory 额外域服务需要几分钟时间，安装完成后会出现如图 8.48 所示的"完成 Active Directory 域服务安装向导"对话框，表示 Active Directory 额外域服务安装成功，单击"完成"按钮，系统提示进行重启，如图 8.49 所示，重启后就可以进入域控制器了。

第十三步：打开"Active Directory 用户和计算机"对话框，选择 Users 选项。可以看到 lisi 这个用户成功的从主域控制器复制到了额外域控制器，如图 8.50 所示。

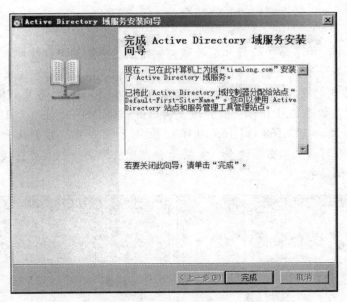

图 8.48 完成 Active Directory 域服务安装向导

图 8.49 完成安装系统提示重启

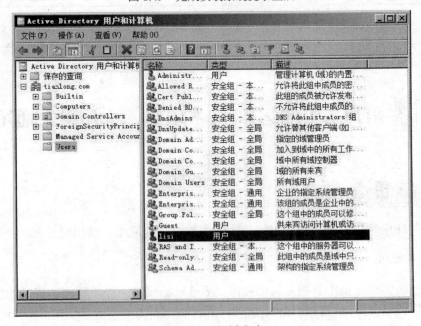

图 8.50 复制成功

> **注意**
>
> 　　在该环境中架构了域控制器和额外域控制，依然会出现单点故障，即主域控制器出现故障后，额外域控制器不会接替主域控制进行工作。那么怎么来避免这种行为呢？把主域控制器的首选 DNS 地址填为 192.168.10.100，备用 DNS 地址填为 192.168.10.101，如图 8.51 所示。额外域控制器的首选 DNS 地址填为 192.168.10.101，备用 DNS 地址填为 192.168.192.168.10.100，如图 8.52 所示。这样两台域控制器在没有故障的情况下可以共同分担流量，如果一台出现故障另外一台可以接替它工作，也就是负载均衡和冗余。
>
>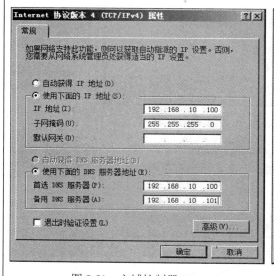
>
> 　　图 8.51　主域控制器 IP　　　　　　　　图 8.52　主域控制器 IP

8.4 用户与组的运用(域本地组、全局组、通用组)

　　以组的使用领域来看，域组可以分为域本地组、全局组、通用组三种。

1. 域本地组

　　域本地组主要是被用来指派访问权限，不过只能够将同一个域内的资源的权限指派给本地域组，以便可以访问此域内的资源。

　　1）域本地组内的成员，可以包含林中任何一个域内的用户、全局组、通用组；它也可以包含相同域内的域本地组，但是无法包含其他域内的域本地组。

2）域本地组只能够访问所属域内的资源，无法访问其他不同域内的资源；换句话说就是在设置权限时，只可以设置相同域内的域本地组的权限，但是无法设置其他不同域内域本地组的权限。

2. 全局组

全局组主要是用来组织用户，也就是可以将多个即将被赋予相同权限的用户账户加入到同一个全局组内。

1）全局组内的成员，只能够包含相同域内的用户与全局组。

2）全局组可以访问林中任何一个域内的资源，也就是可以在任何一个域内设置全局组的权限，以便让此全局组具备权限来访问此域内的资源。

3. 通用组

通用组可以在所有域内被设置访问权限，以便访问所有域内的资源。

1）通用组具备通用领域的特性，其中成员能够包含林中任何一个域内的用户、全局组、通用组，但是无法包含任何一个域内的本地域组。

2）通用组可以访问林中任何一个域内的资源，也就是可以在任何一个域内设置通用组的权限，以便让此通用组具备权限来访问此域内的资源。

实施目标：域本地组使用与作用范围。

实施环境：如图 8.53 所示。

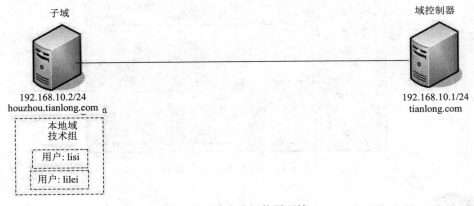

图 8.53　域本地组使用环境

实施步骤：

　第一步：在子域上创建两个用户。在"开始"菜单中选择"管理工具"命令，选择"Active Directory 用户和计算机"选项，在出现的页面中单击 huizhou.tianlong.com 域名下的 User 弹出快捷菜单，如图 8.54 所示。选择"新建"下面的"用户"选项，弹出

"用户"对话框，如图 8.55 和图 8.56 所示。再创建一个组，组名为"技术组"，组作用域为"本地域"，如图 8.57 所示，单击"确定"按钮完成。

图 8.54　域的用户和计算机

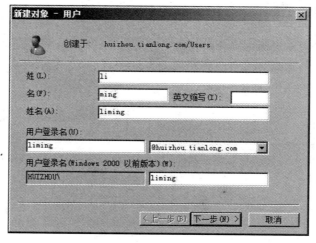

图 8.55　新建"liming"用户

注意

组类型有两个，分别是"安全组"和"通讯组"。"安全组"是用于控制用户的权限管理，"通讯组"是用于对 exchange 进行地址簿分发和消息共享的。默认都是选择"安全组"。

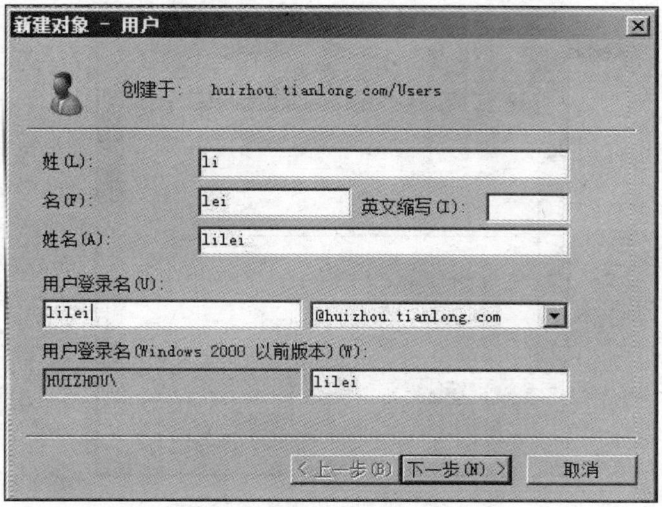

图 8.56　新建"lilei"用户

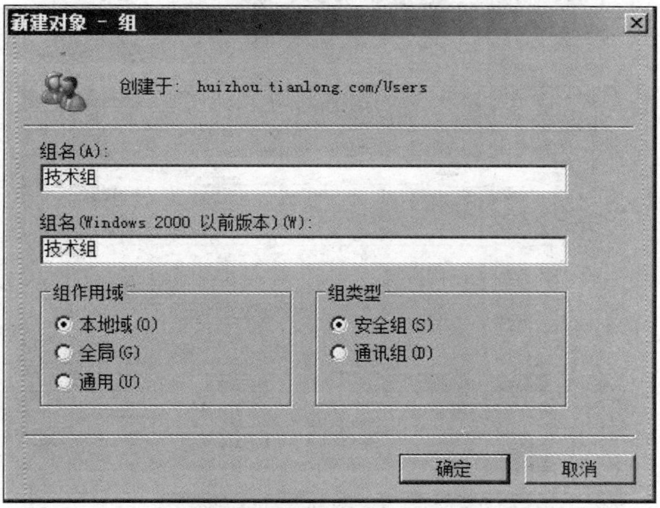

图 8.57　创建一个本地域的组

第二步：把两个用户加入到"技术组"，双击该用户组弹出"技术组属性"选项，如图 8.58 所示。单击"添加"弹出所需要添加进入的组和用户，在 huizhou.tinalong.com 上找到 lilei 和 liming 两个用户，如图 8.59 所示。单击"确定"按钮后定位到这两个用户，如图 8.60 所示。单击"确定"按钮后，在"技术组"下显示需要添加的两个用户，如图 8.61 所示。单击"确定"按钮后完成。

第三步：在域控制器 tianlong.com 上的文件夹的安全权限处对用户设置权限，只能看到 liming 和 lilei 两个用户，并不能看到"技术组"，因为"技术组"只属于"本地域"也就是域本地组，如图 8.62 所示。

图 8.58 "技术组属性"对话框

图 8.59 在子域上找到两个新建的用户

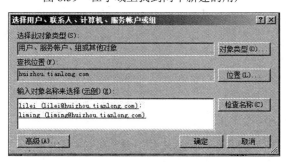

图 8.60 定位到两个新建的用户

图 8.61 添加两个用户进"技术组"

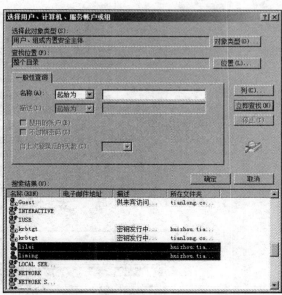

图 8.62 域本地组不能跨越本地域

实施目标：全局组的使用与作用范围。

实施环境：如图 8.63 所示。

图 8.63 全局组使用环境

实施步骤：

第一步：在子域上创建组时，选择"组作用域"下的"全局"，如图 8.64 所示。按照上述方式把两个用户加入到该组。

第二步：在域控制器 tianlong.com 上的文件夹的安全权限处，对用户设置权限，可以看到"技术组"，因为"技术组"属于"全局"也就是全局组，如图 8.65 所示。

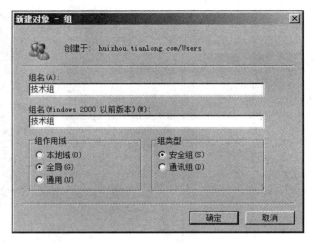

图 8.64　创建一个全局的组

图 8.65　全局组能跨越本地域

注意

　　虽然全局组都可见，但是与文件夹打交道的只能是域本地组，如果用户组跨越了不同的域，那么在该资源域上建立一个域本地组，然后再把全局组放入到域本地组，然后对该域本地组赋予权限。

　　实施目标： 通用组的使用与作用范围。

实施环境：如图 8.66 所示。

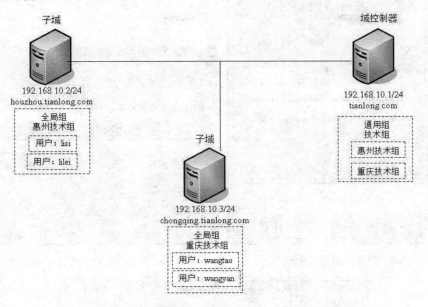

图 8.66　通用组使用环境

第一步：在 huizhou.tinalong.com 和 chongqing.tianlong.com 的两个子域上分别创建"惠州技术组"和"重庆技术组"，把两个技术组的"组作用域"设置为"全局"，如图 8.67 和图 8.68 所示。按照上述方式分别把各个子域上的用户加入到相对的组中。

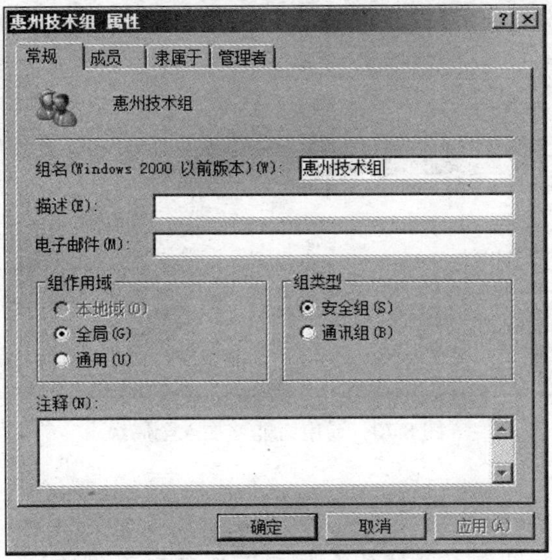

图 8.67　创建"惠州技术组"

第二步：在主域控制器上创建组时，"组作用域"下选择"通用"单选按钮，如图 8.69 所示。这样在通用组的下面，就可以把全局组加入到该组，如图 8.70 所示。

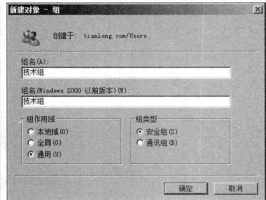

图 8.68　创建"重庆技术组"　　　　图 8.69　创建通用组

图 8.70　通用组能够加入全局组

注意

　　通用组是用于来组织不同域的全局组，把来自不用域的全局组放入到本地域上的通用组里面，再把通用组加入到域本地组来对其做权限设定的。

8.5 基于活动目录的访问权限控制

权限管理服务能够有效地保护我们的数字资产在相应授权范围之外不会泄露。在 Windows Server 2008 中，这一重要特性得以改进和提升，微软把它称之为 AD RMS（Active Directory Rights Management Services），即活动目录权限管理服务。相对于 2003 及以下的 RMS 有了较大的改进与提升，例如：不需要单独下载即可安装、不再需要连接到 Microsoft 去进行登记等。AD RMS 系统包括基于 Windows Server 2008 的服务器（运行用于处理证书和授权的 Active Directory 权限管理服务（AD RMS）服务器角色）、数据库服务器以及 AD RMS 客户端。AD RMS 系统的部署为组织提供以下优势。

（1）保护敏感信息

如字处理器、电子邮件客户端和行业应用程序等应用程序可以启用 AD RMS，从而帮助保护敏感信息。用户可以定义打开、修改、打印、转发该信息或对该信息执行其他操作的人员。组织可以创建子自定义的使用策略模板（如"机密–只读"），这些模板可直接应用于上述信息。

（2）永久性保护

AD RMS 可以增强现有的基于外围的安全解决方案（如防火墙和访问控制列表（ACL）），通过在文档自身内部锁定使用权限、控制如何使用信息（即使在目标收件人打开信息后）来更好地保护信息。

（3）灵活且可自定义的技术

独立软件供应商（ISV）和开发人员可以使用启用了 AD RMS 的任何应用程序或启用其他服务器（如在 Windows 或其他操作系统上运行的内容管理系统或门户服务器），与 AD RMS 结合使用来帮助保护敏感信息。启用 ISV 的目的是为了将信息保护集成到基于服务器的解决方案（如文档和记录管理、电子邮件网关和存档系统、自动工作流以及内容检查）中。

实施目标：使用权限控制 lisi 这个用户只能在 8:00 到 12:00 登录到域，其他时间被域限制登录。

实施环境：如图 8.71 所示。

实施步骤：

第一步：在域控制器上创建一个 OU（组织单位）。在"开始"菜单中选择"管理工具"命令，选择"Active Directory 用户和计算机"，在出现的页面中右击 tianlong.com 的域名，弹出快捷菜单，如图 8.72 所示。选择"新建"下面的"组织单

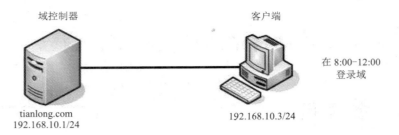

图 8.71　限制用户访问活动目录

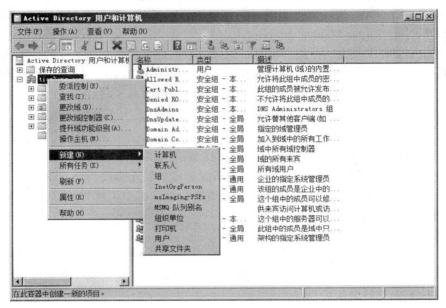

图 8.72　域的用户和计算机

位"选项，给该组织单位命名为"技术组"，如图 8.73 所示。在该组织单位里面新建用户"lisi"，如图 8.74 所示。

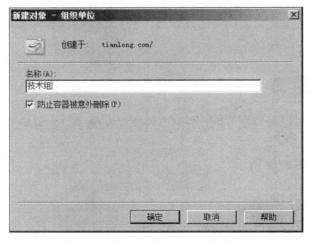

图 8.73　新建"技术组"组织单位

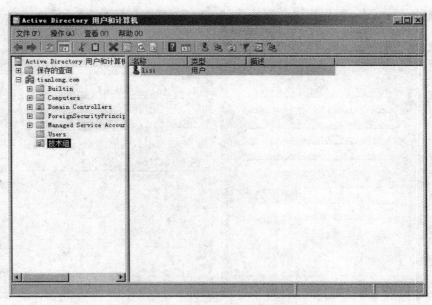

图 8.74　在组织单位下新建用户

第二步：右击该用户，弹出快捷菜单，如图 8.75 所示。选择"属性"选项，弹出 lisi 这个用户的属性，如图 8.76 所示。选择"账户"如图 8.77 所示。选择"登录时间"，在该登录时间中选择如图 8.78 所示的星期一到五的 8:00～12:00，完成对技术组用户 lisi 登录时间的限制。

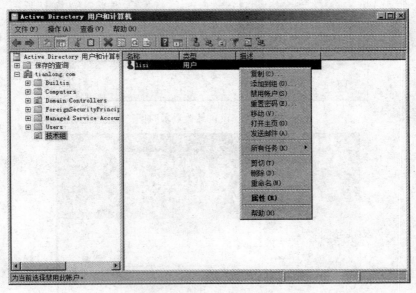

图 8.75　打开用户配置选项

第三步：现在使用 lisi 这个用户来登录到域，选择一个非工作时间登录到 tianlong.com，如图 8.79 所示。系统提示该用户在当前时间内无法登录，如图 8.80 所示。

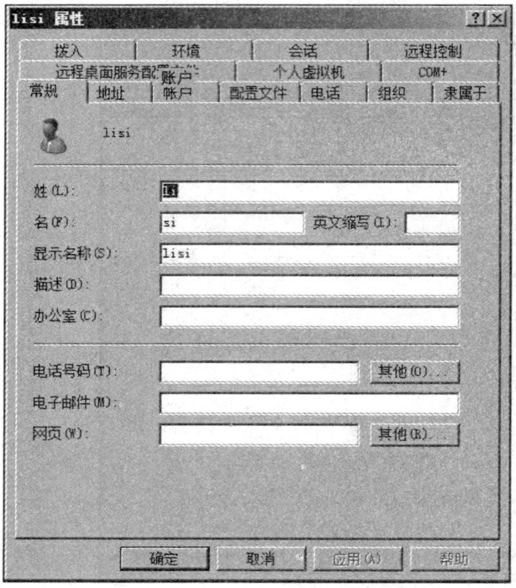

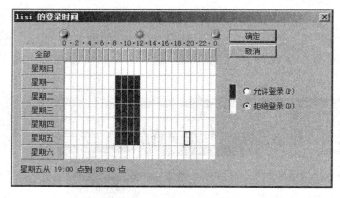

图 8.76 用户的属性 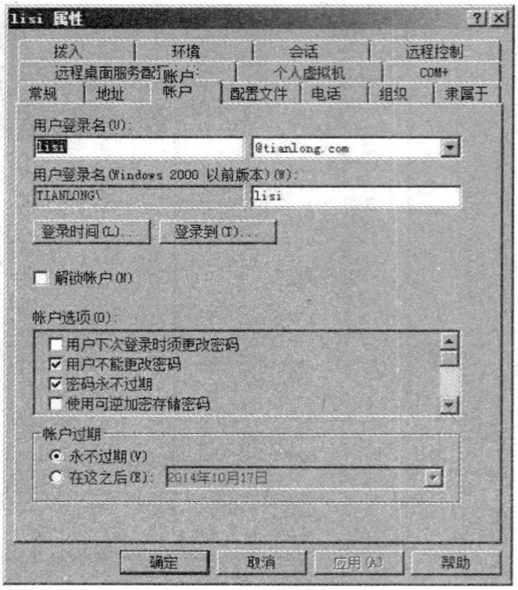　　　　　　　　　　图 8.77 用户的账户设置

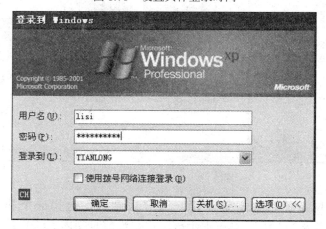

图 8.78 设置具体登录时间

图 8.79 使用 lisi 用户登录域

图 8.80　提示当前用户登录受到限制

8.6　组策略的实施

所谓组策略，就是基于组的策略。它以 Windows 中的一个 MMC 管理单元的形式存在，可以帮助系统管理员针对整个计算机或是特定用户来设置多种配置，包括桌面配置和安全配置。譬如，可以为特定用户或用户组定制可用的程序、桌面上的内容，以及"开始"菜单选项等，也可以在整个计算机范围内创建特殊的桌面配置。简而言之，组策略是 Windows 中的一套系统更改和配置管理工具的集合。注册表是 Windows 系统中保存系统软件和应用软件配置的数据库，而随着 Windows 功能越来越丰富，注册表里的配置项目也越来越多，很多配置都可以自定义设置，但这些配置分布在注册表的各个角落，如果是手动配置，可以想像是多么困难和烦杂。而组策略则将系统重要的配置功能汇集成各种配置模块，供用户直接使用，从而达到方便管理计算机的目的。其实简单地说，组策略设置就是在修改注册表中的配置。当然，组策略使用了更完善的管理组织方法，可以对各种对象中的设置进行管理和配置，远比手工修改注册表方便、灵活，功能也更加强大。

实施目标： 使用组策略限制用户使用计算机上的控制面板。
实施环境： 如图 8.81 所示。

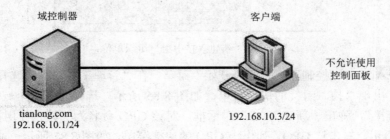

图 8.81　限制使用控制面板

实施步骤：

第一步：在域控制器上创建一个 OU（组织单位），在"开始"菜单中选择"管理工具"命令，选择"Active Directory 用户和计算机"选项，在出现的页面中右击 tianlong.com 的域名，弹出域的快捷菜单，如图 8.82 所示。选择"新建"下面的"组织单位"命令，给该组织单位命名为技术组，如图 8.83 所示。在该组织单位里面新建用户 lisi，如图 8.84 所示。

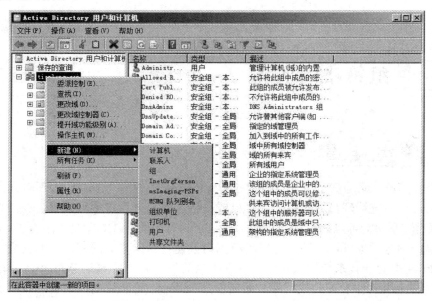

图 8.82　域的用户和计算机选项卡

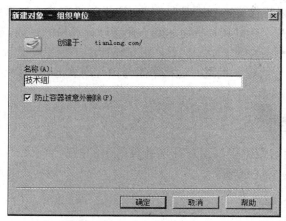

图 8.83　新建"技术组"组织单位

第二步：在域控制器上打开"开始"菜单，在"管理工具"栏中选择"组策略管理"选项，出现"技术组"的快捷菜单，如图 8.85 所示。选择"在这个域中创建 GPO 并在此处链接"，弹出"新建 GPO"对话框，对该 GPO 命名为"禁止使用控制面板"，如图 8.86 所示。右击该 GPO，弹出该 GPO 的快捷菜单，如图 8.87 所示。选择"编辑"，弹出该 GPO 的"组策略管理编辑器"页面，如图 8.88 所示。

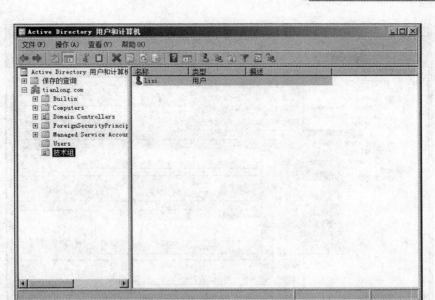

图 8.84 在组织单位下新建用户

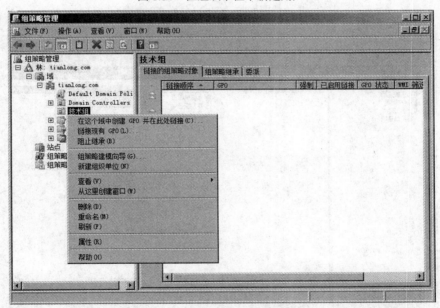

图 8.85 针对"技术组"实施策略

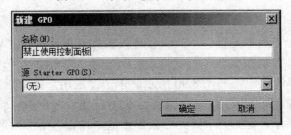

图 8.86 新建 GPO 命名

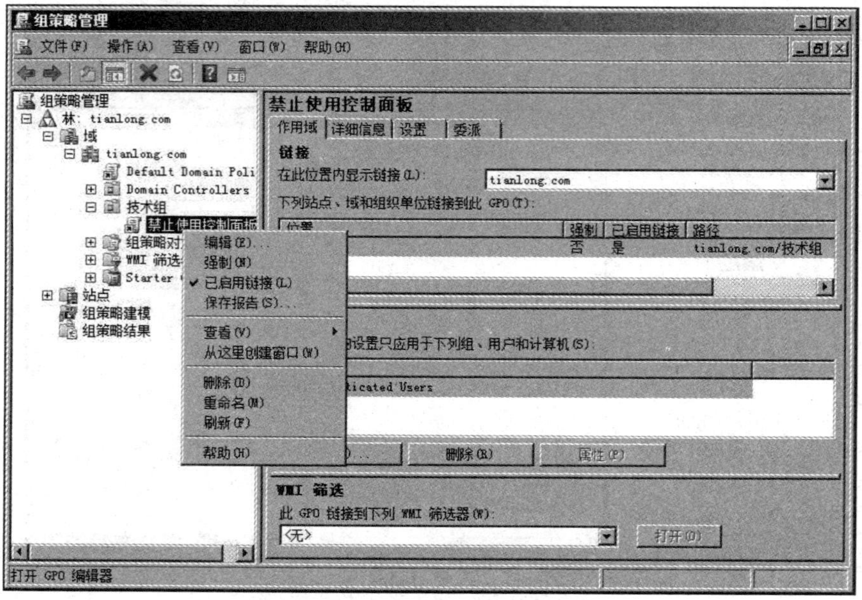

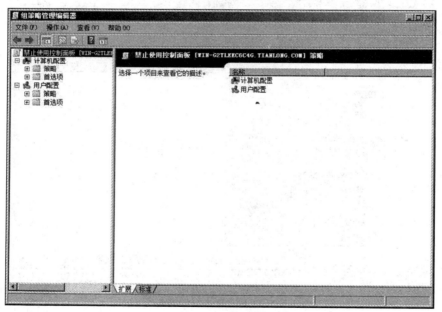

图 8.87　GPO 属性

图 8.88　组策略管理编辑器

第三步：打开"用户配置"下的"管理模板"选项，选择"Windows 组件"，如图 8.89 所示。选择"控制面板"页面中的"禁止访问'控制面板'"，在弹出的对话框中选择为"已启用"单选按钮，如图 8.90 所示。单击"应用"按钮后完成。

第四步：完成上述配置后，使用 lisi 这个用户登录客户机，验证是否还能使用控制面板，如图 8.91 所示，这时在"开始"菜单中的"设置"下面已经没有控制面板出现了，证明策略生效。

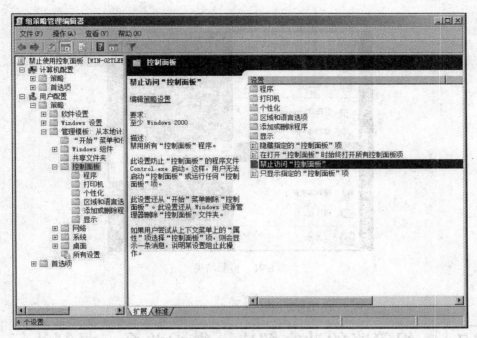

图 8.89 定位禁用控制面板的选项

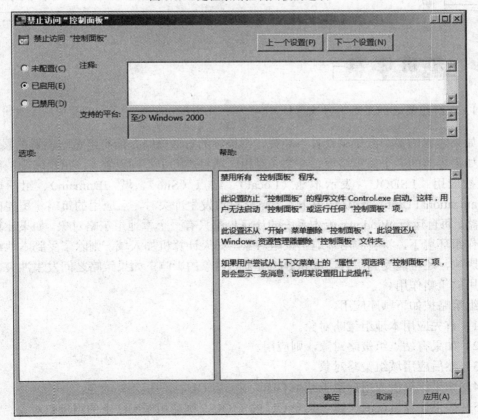

图 8.90 启动禁止访问控制面板

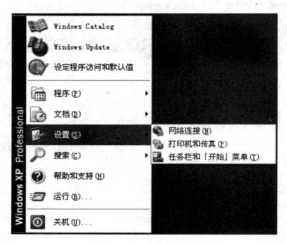

图 8.91　检测结果

8.7 组策略的冲突解决、继承关系，强制执行

1. 理解组策略的累加和冲突

如果容器的多个组策略设置不冲突，则最终的有效策略是所有组策略设置的累加。

如果容器的多个组策略设置冲突（对相同项目进行了不同设置），组策略则按以下顺序被应用：LSDOU，表示本地（Local）、站点（Site）、域（Domain）、组织单位（Organizational Unit）。默认情况下，当策略设置发生冲突时，后应用的策略将覆盖前面的策略。每台运行 Windows 版本系统的计算机都只有一个本地组策略对象。如果计算机在工作组环境下，将会应用本地组策略对象。如果计算机加入域，则除了受到本地组策略的影响，还可能受到站点、域和 OU 组策略对象的影响。如果策略之间发生冲突，则后应用的策略作用。

组策略按如下顺序应用。

1）首先应用本地组策略对象。

2）如果有站点组策略对象，则应用。

3）然后应用域组策略对象。

4）如果计算机或用户属于某个 OU，则应用 OU 上的组策略对象。

5）如果计算机或用户属于某个 OU 的子 OU，则应用子 OU 上的组策略对象。

6）如果同一个容器下链接了多个组策略对象，则链接顺序最低的组策略对象最后处理，因此它具有最高的优先级。

2. 理解组策略的继承关系

（1）理解组策略继承

通常，组策略在域中从父容器向下传递给子容器，对此可以使用 Active Directory 用户和计算机管理单元进行查看。父"域"中的组策略不会被子"域"继承，可以使用 Active Directory 域和信任关系管理单元管理这种类型的关系，它与组策略无关。

如果为一个高级别的父容器指派特定的组策略设置，则这个组策略适用于该父容器下的所有容器，包括每个容器中的用户和计算机对象。但是，如果明确为某个子容器指定组策略设置，则子容器的组策略设置将覆盖父容器的设置。

如果父组织单位具有未配置的策略设置，则子组织单位将不会继承。禁用的策略设置继承后也是禁用的。此外，如果父组织单位已经配置某策略设置（启用或禁用），而子组织单位并未配置同一策略设置，则子组织单位继承父组织单位的启用或禁用的策略设置。

如果应用到父组织单位的策略设置与应用到子组织单位的策略设置兼容，则子组织单位就会继承父组织单位的策略设置，而且还会应用子组织单位的策略设置。

如果为父组织单位配置的策略设置与为子组织单位配置的同一策略设置不兼容（因为在某种情况下设置是启用的，而在另一种情况下设置是禁用的），子组织单位就不继承父组织单位的策略设置，而是会应用自己的设置。

（2）组策略阻止继承

可以在域或组织单位级别阻止策略继承，方法是打开域或组织单位的"属性"对话框，并选中"阻止策略继承"复选框。在默认情况下，下层容器会继承来自上层容器的 GPO。子容器也可以阻止继承上层容器的组策略。

（3）强制继承

下级容器可以对上级容器的 GPO 采用阻止继承的操作，或者下级容器设置一个与上级容器相对冲突的 GPO，从而使上级容器的 GPO 不能生效。如何才能使上级容器的 GPO 强制生效呢？方法是在组策略对象链接上设置"强制"选项。选中"强制"复选框后，就会强迫所有子策略容器继承父策略，即使这些策略与子策略相冲突，或者已为子容器设置了"阻止继承"选项，也是如此。可以在组策略对象链接上设置"强制"选项，方法是打开站点、域或组织单位的"属性"对话框，并确保选中"强制"复选框。

实施目标：组策略的冲突解决、继承关系，强制执行。

实施环境：实施环境如图 8.92 所示。

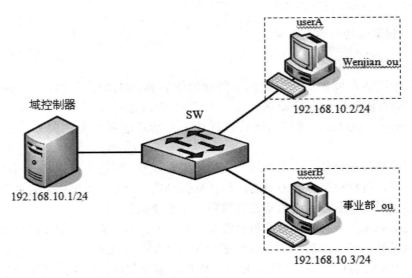

图 8.92　组策略冲突、继承关系，强制执行实施环境

实施步骤：

第一步：首先是在公司内部搭建一个域服务器（具体的搭建方式请参看前面的域控制器的搭建方式，这里就不再叙述了）。域控制器搭建成功后在 DNS 中就可以看到如图 8.93 所示的样式。然后在 Active Directory 用户和计算机中创建两个容器分别为 wenjian_OU 和事业部_OU，这两个容器分别代表着公司内部的两个部门，然后在这两个容器中添加两个用户（wenjian_OU 添加 userA，事业部_OU 添加 userB），如图 8.94 和图 8.95 所示。

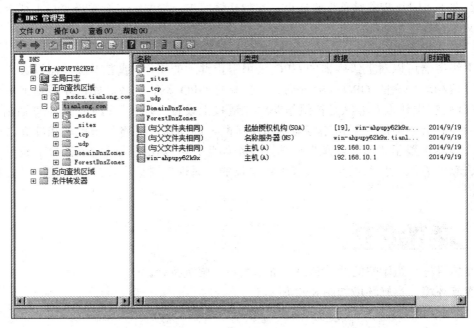

图 8.93　域控制器安装成功

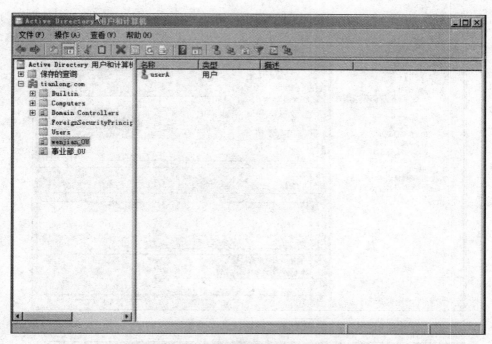

图 8.94　在 wenjian_OU 中添加一个用户 userA

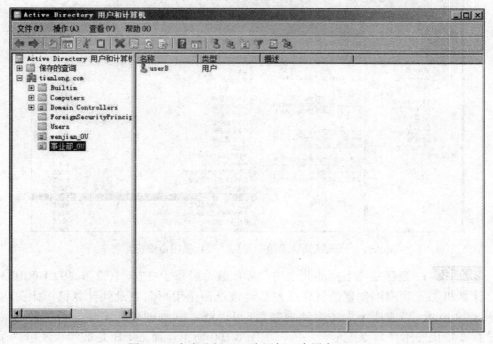

图 8.95　在事业部_OU 中添加一个用户 userA

第二步：当建立完上面的两个用户后，就可以为 wenjian_OU 里面的用户创建一个组策略 syb（保持默认），如图 8.96 所示，并且修改 tianlong.com 域中的默认策略值，让这个域中的所有用户都禁止使用命令提示符，如图 8.97 所示。

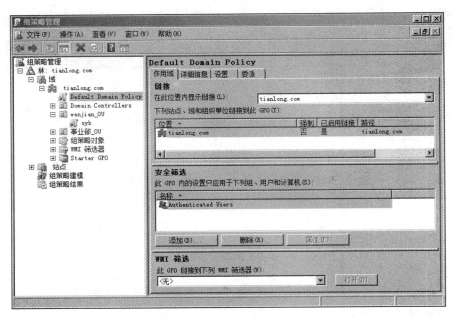

图 8.96　域默认的组策略

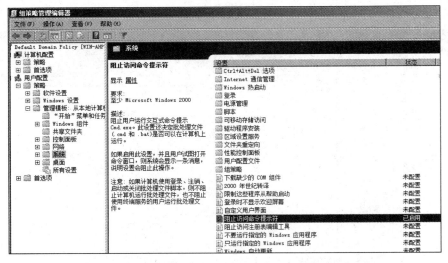

图 8.97　修改域默认组策略开启"禁止使用命令提示符"

第三步：当建立完上面的两个用户后，就可以将 192.168.10.2 和 192.168.10.3 这两台计算机加入到刚刚创建的域中，然后通过这两个用户名登录到计算机，如图 8.98 和图 8.99 所示。当完成上面所有的内容后，可以测试刚刚创建的策略是否生效。userA 是没有被禁止使用"命令提示符"的，如图 8.100 所示，而 userB 是被禁止使用"命令提示符"的，如图 8.101 所示。这说明如果容器的多个组策略设置不冲突，则最终的有效策略是所有组策略设置的累加，如果策略之间发生冲突，则后应用的策略作用。

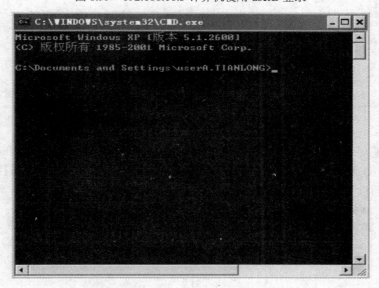

图 8.98　192.168.10.2 计算机使用 userA 登录

图 8.99　192.168.10.3 计算机使用 userB 登录

图 8.100　没有被禁止使用命令提示符

第四步：完成上面的步骤后，修改域默认的组策略，让所有的用户都不能够使用"控制面板"，如图 8.102 所示，让 wenjian_OU 容器的策略值保持先前的配置不变。

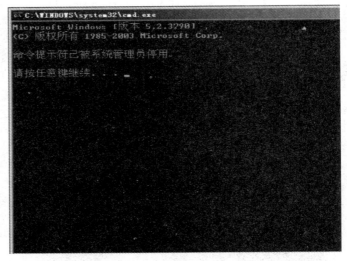

图 8.101 被禁止使用命令提示符

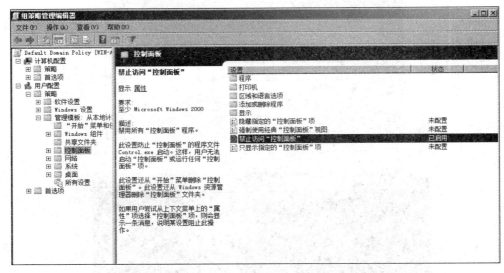

图 8.102 启用"禁止访问控制面板"

第五步：完成上面的一些组策略的配置后，现在来查看 userA 用户的"控制面板"出现如图 8.103 所示页面，这时候我们发现 userA 用户已经运用了整个域控制器里面的策略，控制面板无法访问。

图 8.103 控制面板不能访问

注意

这里并没有修改 userA 用户所示容器中的策略，只是修改了整个域的策略。为什么 userA 用户可以生效？那是因为它有一个组策略继承功能，如图 8.104 所示。可以看出 wenjian_OU 已经继承了 Default Domain Policy 策略，所以 userA 用户才不能够访问控制面板，如果不需要它继承 Default Domain Policy 策略，可以将它阻止继承，如图 8.105 所示，右击 Wanjian DV，在弹出的快捷菜单中选择"阻止继承"选项。

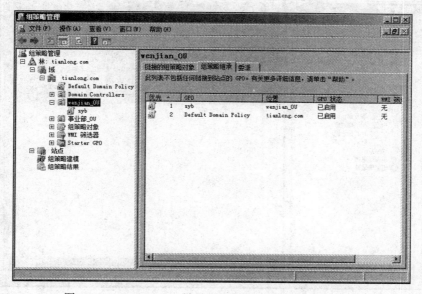

图 8.104 wenjian_OU 继承了 Default Domain Policy 策略

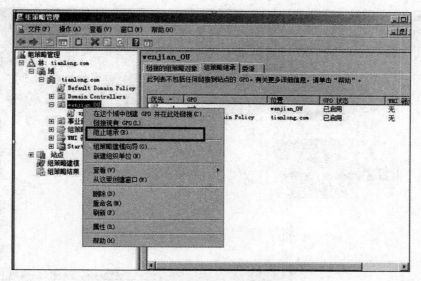

图 8.105 阻止继承 Default Domain Policy 策略

第六步：当完成了上面的阻止继承后，可以看到 wenjian_OU 并没有继承 Default Domain Policy 策略，只运用了当前 wenjian_OU 创建的策略，如图 8.106 所示。现在要继承 Default Domain Policy 策略，并且不管它是否有冲突都继承，那么就可在组策略对象链接上设置"强制"选项。选中"强制"选项后，就会强迫所有子策略容器继承父策略，即使这些策略与子策略相冲突，或者已为子容器设置了"阻止继承"选项，也是如此。可以在组策略对象链接上设置"强制"选项，方法是打开站点、域或组织单位的"属性"对话框，并确保选中"强制"复选框，如图 8.107 和图 8.108 所示。

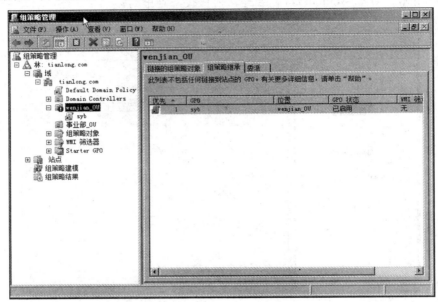

图 8.106　wenjian_OU 不再继承 Default Domain Policy 策略

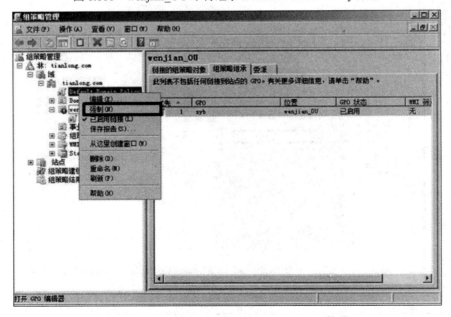

图 8.107　强制继承 Default Domain Policy 策略

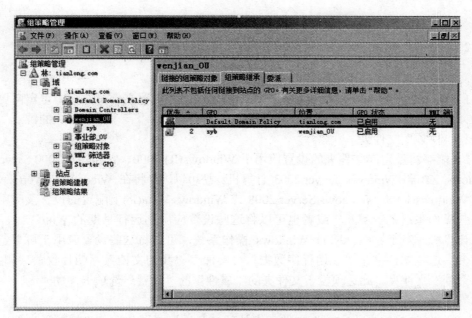

图 8.108 wenjian_OU 被强制使用了 Default Domain Policy 策略

8.8 文件夹重定向

1. 理解文件夹重定向

用户设置和用户文件通常存储在位于"用户"文件夹下的本地用户配置文件中,本地用户配置文件中的文件只能从当前计算机进行访问,这样一来,使用多台计算机的用户就很难在多台计算机之间处理其数据并同步设置。现有两种技术来解决该问题:漫游配置文件和文件夹重定向。这两种技术都有其各自的优点,可以单独使用,也可以结合起来使用创建一种从一台计算机到另一台计算机的无缝用户体验。另外,它们还为管理用户数据的管理员提供了其他选项。

"文件夹重定向"允许管理员将文件夹的路径重定向到新位置,该位置可以是本地计算机上的一个文件夹,也可以是网络文件共享上的目录。用户可以使用服务器上的文档,如同该文档就在本地驱动器上一样。网络上任何计算机的用户都可使用该文件夹中的文档。使用组策略管理控制台 (GPMC) 编辑基于域的组策略时,文件夹重定向位于控制台树中的"Windows 设置"下。路径为"组策略对象名称\用户配置\策略\Windows设置\文件夹重定向"。

2. 理解 Windows 2008 Server 对文件夹重定向的最新更改

文件夹重定向包含以下功能。

1）与早期的 Windows 操作系统相比，能够在用户配置文件文件夹中重定向更多的文件夹。这包括"联系人"、"下载"、"收藏夹"、"链接"、"音乐"、"保存的游戏"、"搜索"和"视频"文件夹。

2）能够将重定向文件夹的设置应用于 Windows(R) 2000、Windows 2000 Server(R)、Windows XP 和 Windows Server 2003 计算机。您可以选择将在 Windows Server(R) 2008 R2、Windows(R) 8、Windows Server 2008 或 Windows Vista(R)上配置的设置仅应用于运行这些操作系统的计算机，或者也可以将这些设置应用到运行早期的 Windows 操作系统的计算机。对于这些早期的 Windows 操作系统，可以将这些设置应用于可重定向的文件夹。这些文件夹是"应用程序数据"、"桌面"、"我的文档"、"图片收藏"和"'开始'菜单"文件夹。此选项位于文件夹的"属性"的"设置"选项卡中的"为'文件夹名称'选择重定向设置"下。

3）可以选择根据"文档"文件夹来处理"音乐"、"图片"和"视频"文件夹。在 Windows Vista 之前的 Windows 操作系统中，这些文件夹是"文档"文件夹的子文件夹。通过配置此选项，您可以解决有关较早 Windows 操作系统与较新 Windows 操作系统之间的命名差异和文件夹结构差异的所有问题。此选项位于文件夹的"属性"的"目标"选项卡中的"设置"下。

4）能够针对所有用户将"开始"菜单文件夹重定向到特定路径。在 Windows XP 中，"'开始'菜单"文件夹只能重定向到共享目标文件夹。

3. 理解文件夹重定向的优势

1）即使用户登录到网络上的不同计算机，其数据也始终是可用的。

2）脱机文件技术（默认情况下处于打开状态）允许用户访问文件夹，即使他们没有连接到网络。对于使用便携式计算机的人来说，该技术尤其有用。

3）存储在网络文件夹中的数据可以作为例行系统管理的一部分进行备份，这样更安全，因为它不需要用户进行操作。

4）如果使用漫游用户配置文件，则可以使用文件夹重定向功能减小漫游配置文件的总大小，并使最终用户的用户登录和注销过程效率更高。在使用漫游用户配置文件部署文件夹重定向时，通过文件夹重定向同步的数据不是漫游配置文件的一部分，这些数据是在用户登录后使用脱机文件在后台进行同步的。因此，在使用漫游用户配置文件的情况下，用户在登录或注销时不必等待数据同步。

5）特定于某个用户的数据可以从拥有操作系统文件的硬盘重定向到用户本地计算机上的其他硬盘，这会让用户的数据更加安全。

6）作为管理员，可以使用组策略来设置磁盘配额，从而限制用户配置文件文件夹占用的空间量。

实施目标：用户 lisi 每次工作后保存在桌面的文件，都会被定向到文件服务器中。

实施环境：如图 8.109 所示。

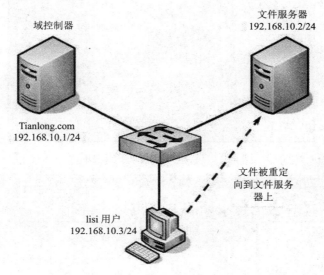

图 8.109　文件夹重定向的环境

实施步骤：

第一步：在域控制器上创建一个 OU（组织单位），在"开始"菜单中选择"管理工具"命令，选择"Active Directory 用户和计算机"，在出现的页面中右击 tianlong.com 的域名，弹出域的快捷菜单，如图 8.110 所示。选择"新建"下面的"组织单位"选项，给该组织单位命名为技术组，如图 8.111 所示。在该组织单位里面新建用户 lisi，如图 8.112 所示。

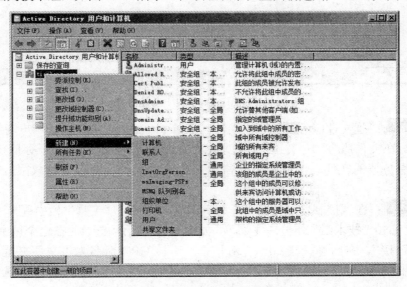

图 8.110　域的用户和计算机选项卡

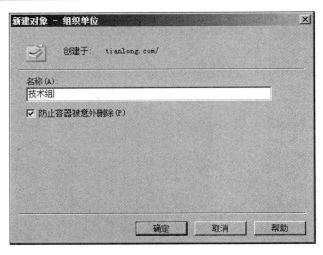

图 8.111　新建"技术组"组织单位

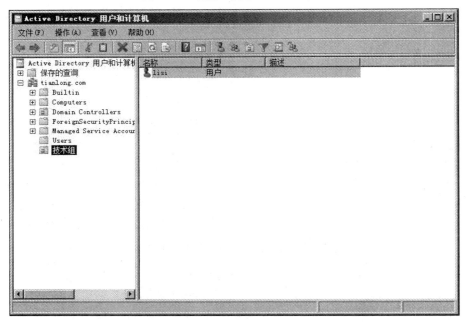

图 8.112　在组织单位下新建用户

第二步：把文件服务器和客户端加入到 tianlong.com 的域中，客户端使用 lisi 的用户登录。在文件服务器中建立一个 Data 的文件夹，启动共享，用于存储用户重定向文件到该服务器的文件夹，该文件夹对于 Everyone 组给予完全控制权限，如图 8.113 所示。

第三步：在域控制器上打开"开始"菜单，在"管理工具"栏中选择"组策略管理"选项，右击"技术组"弹出快捷菜单，如图 8.114 所示。选择"在这个域中创建 GPO 并在此处链接"，弹出"新建 GPO"对话框，对该 GPO 命名为"文件夹重定向"，如图 8.115 所示。右击该 GPO，弹出该 GPO 的快捷菜单，如图 8.116 所示。选择"编辑"命令，弹出该 GPO 的"组策略管理编辑器"页面，如图 8.117 所示。

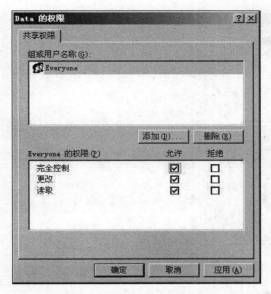

图 8.113 文件夹的权限设置

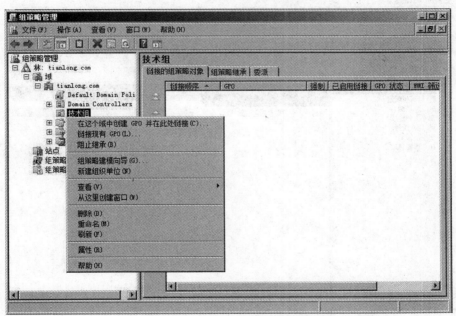

图 8.114 针对"技术组"实施策略

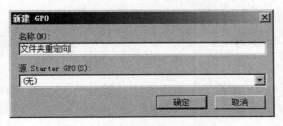

图 8.115 新建 GPO 命名

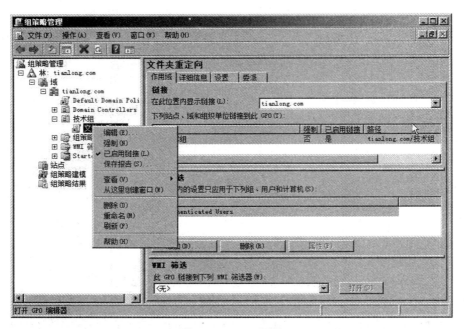

图 8.116   GPO 属性

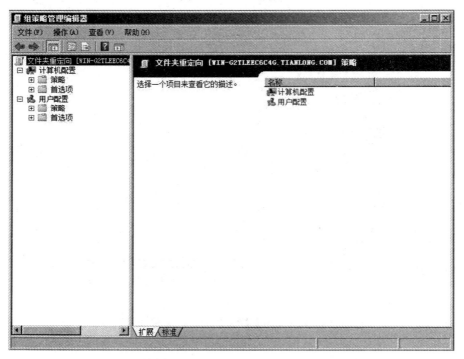

图 8.117   组策略管理编辑器

第四步：打开"用户配置"下的"文件夹重定向"选项，右击"桌面"选项，弹出快捷菜单，如图 8.118 所示。选择"属性"，弹出"属性"对话框，在"目标"选项卡的设置中选择"基本-将每个人的文件夹重定向到同一个位置"，在目标文件夹位置中选择"在根目录路径下为每一用户创建一个文件夹",在根路径中填写"\\192.168.10.2\Data"（这里必须是网络路径，指向文件服务器的共享文件夹），如图 8.119 所示。在"设置"选项卡下选择"也将重定向策略应用到 Windows 2000、Windows 2000 Server、Windows XP 和 Windows Server 2003 操作系统"复选框，如图 8.120 所示。当策略生效后，在文件服务器的 Data 文件夹下，就可以看到专门为用户 lisi 创建的专用文件夹，代表文件夹重定向实施成功，如图 8.121 所示。

图 8.118 桌面的属性

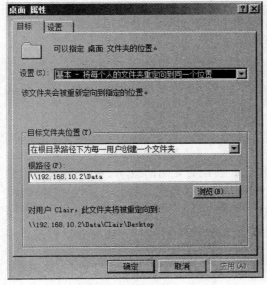

图 8.119 桌面的目标

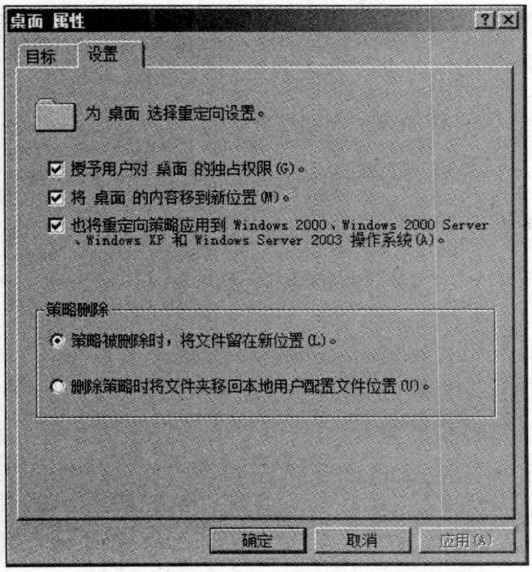

图 8.120 桌面设置

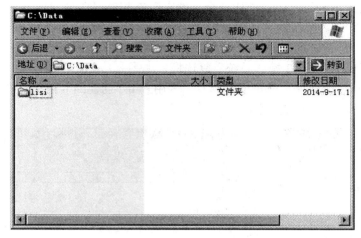

图 8.121　文件夹重定向成功

8.9 | 集中管理域中所有的硬件资源和桌面行为

1. 理解组策略对象

组策略是通过组策略对象来设置的，而我们只需要将 GPO 连接到指定的站点、域或组织单位，此 GPO 内的设置值就会影响到该站点或组织单位内的所有用户与计算机。

2. 理解管理域中的硬件资产

管理域中的硬件资产包括对可移动设备的使用、安装打印机、电源管理、Windows 热启动等相关管理。

3. 了解管理域中的桌面行为内容

用户桌面行为包括了隐藏不必要的桌面图标、禁止对桌面的改动、启用或禁止活动桌面、隐藏或禁止控制面板项目、禁止访问"控制面板"、隐藏或禁止"添加/删除程序"项、隐藏或禁止"显示"项、登录时不显示欢迎屏幕界面、关闭系统自动播放功能、关闭 Windows 自动更新、删除"文件夹选项"、阻止访问命令提示符、桌面背景修改等相关的行为管理。

实施目标： 用户 lisi 不允许使用 U 盘自动播放功能，登录到域中统一使用公司的形象订制(logo 背景)。

实施环境： 如图 8.122 所示。

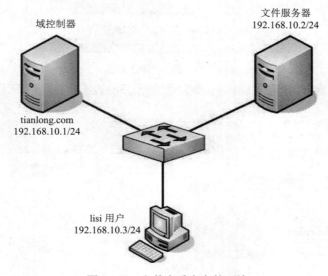

图 8.122　文件夹重定向的环境

实施步骤：

第一步：在域控制器上打开"开始"菜单，在"管理工具"栏中选择"组策略管理"，右击"技术组"弹出快捷菜单，如图 8.123 所示。选择"在这个域中创建 GPO 并

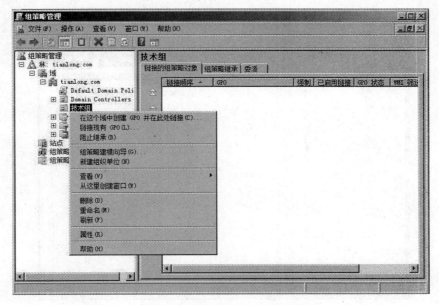

图 8.123　针对"技术组"实施策略

在此处链接"弹出"新建 GPO"对话框，对该 GPO 命名为"禁止 U 盘自动打开"，如图 8.124 所示。右击该 GPO，弹出该 GPO 的快捷菜单，如图 8.125 所示。选择"编辑"命令，弹出该 GPO 的"组策略管理编辑器"页面，如图 8.126 所示。

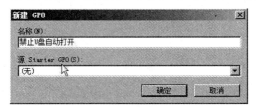

图 8.124　新建 GPO 命名

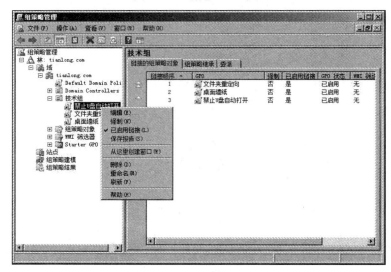

图 8.125　GPO 属性

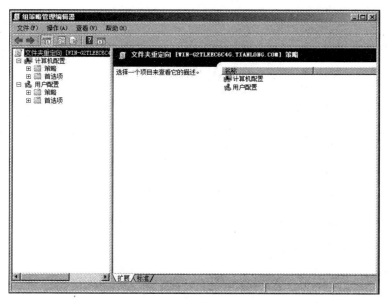

图 8.126　组策略管理编辑器

第二步：打开"用户配置"下的"管理模板"，选择"Windows 组件"，如图 8.127
所示。选择"自动播放策略"下的"关闭自动播放"选项，弹出"关闭自动播放"对话
框，选择"已启用"单选按钮，如图 8.128 所示。单击"应用"按钮后完成。

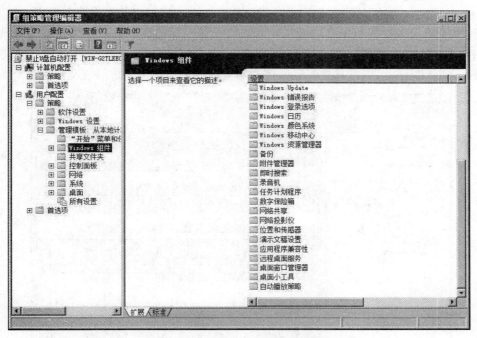

图 8.127　Windows 组件的策略

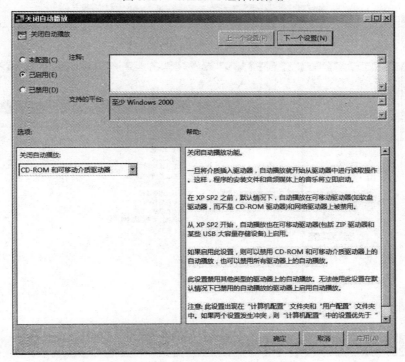

图 8.128　启动关闭自动播放策略

第三步：建立一个名为"桌面墙纸"的 GPO，如图 8.129 所示。进入该 GPO 的策略设置，选择管理模板下的"桌面"的 Active Desktop 选项，如图 8.130 所示。选择右栏中的"桌面墙纸"选项，将状态设置为"已启用"，然后申明该墙纸文件的路径，如图 8.131 所示。墙纸必须在文件服务器上共享出来，这一点非常重要，否则，域上的其他计算机将无法配置统一的墙纸，共享该墙纸文件夹时，如图 8.132 所示，给予访问该文件夹用户的权限，在这个环境中让 Authenticated Users 组能够访问该文件夹，Authenticated Users 组指示只要经过域控制器验证的用户都可以访问该文件夹。

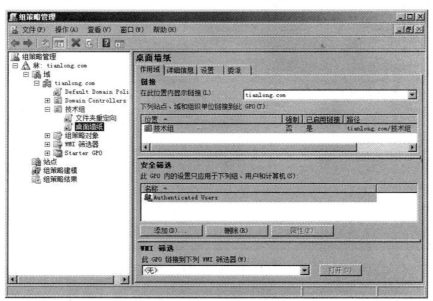

图 8.129　新建 GPO

图 8.130　定位订制桌面背景的策略

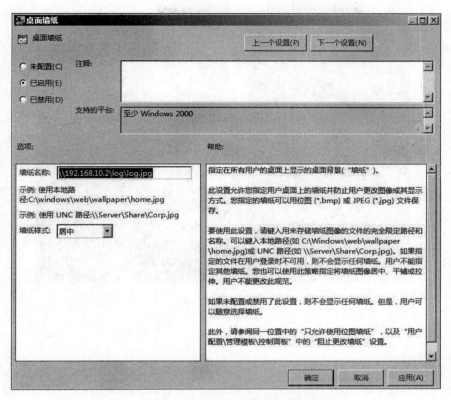

图 8.131 设定统一桌面背景图片的位置

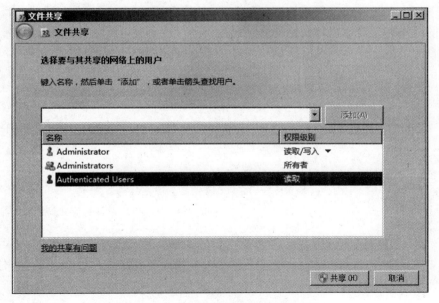

图 8.132 设置墙纸文件夹的访问权限

第四步：使用 lisi 用户通过登录到域来查看是否被配置成统一的桌面背景，如果配置没有错误，在客户机上应该出现如图 8.133 所示的统一桌面背景。

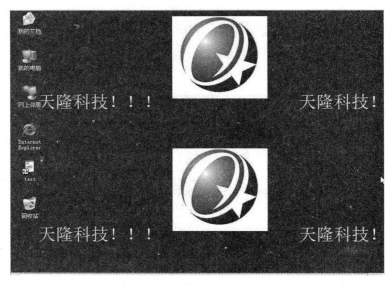

图 8.133　客户机上检测统一桌面背景的设置

8.10 │ 项目总结

　　本项目主要是针对部署域控制器相关知识进行学习，通过对本项目的学习，天隆科技公司的网络管理员可以轻松地部署公司内部的域控制器，能够实现对用户和计算机以及共享资源的统一管理，并且实施组策略技术管理公司的所有用户。

参 考 文 献

戴有炜. 2011. Windows Server 2008 R2 安装与管理[M]. 北京：清华大学出版社.

戴有炜. 2011. Windows Server 2008 R2 Active Directory 配置指南[M]. 北京：清华大学出版社.

戴有炜. 2011. Windows Server 2008 R2 网络管理与架站[M]. 北京：清华大学出版社.